Mariposas Bonaerenses

*Textos, fotografías y
esquemas*

Gustavo R. Canals

L.O.L.A.
Literature of Latin America

Traductores: Manuel Belgrano y Colin Sharp,
con la colaboración del autor.

Queda hecho el depósito que previene la ley 11.723
Printed in Argentina

ISBN 950-9725-36-6

Butterflies of Buenos Aires

Texts, photographs and drawings

Gustavo R. Canals

L.O.L.A.

Literature of Latin America

Translations by: Manuel Belgrano and Colin Sharp,
both assisted by the author.

Cuenta una antigua leyenda, que las brujas, unos diez siglos atrás, en un intento por huir de las atroces cacerías de la Inquisición, adquirieron el poder de transformarse en hermosas e inofensivas mariposas. Poco tiempo después, cayeron en cuenta que su artilugio había fracasado, pues lo único que lograron fue cambiar el nombre de sus captores y verdugos...

Agradecimientos:

A los integrantes del Departamento Científico de Entomología del Museo de Ciencias Naturales de La Plata, por alentarme en todo momento.

Al Dr. Axel Bachmann, del Museo Argentino de Ciencias Naturales de Buenos Aires, por facilitarme bibliografía y permitir mi acceso a las colecciones depositadas en el departamento a su cargo.

A los Drs. Gerardo Lamas, Zsolt Bálint y Kurt Johnson por brindarme sin restricciones sus amplios conocimientos, así como su amistad, más allá de las distancias geográficas.

A los Drs. Robert Robbins, Olaf Mielke y Marcelo Da Silva por facilitarme información actualizada.

A mi esposa Betina, por su ayuda en la revisión de los textos, diagramación y valiosas sugerencias.

A Daniel Novoa y Marcelo Montenegro por aportar datos de campo.

A Colin Sharp, por su interés y colaboración.

There is an old legend that the witches, about ten centuries ago, in an intent to escape from the atrocious hunts of the Inquisition, acquired the power of becoming beautiful and inoffensive butterflies. Some time later, they realized that their plan had failed, because the only thing that they had achieved was to change the names of their capturers and executioners...

Acknowledgements:

To the members of the Scientific Department of Entomology of the Museum of Natural Sciences of La Plata, for their encouragement at all times.

To Dr. Axel Bachmann, of the Argentine Museum of Natural Sciences of Buenos Aires, who helped me with bibliography and allowed my use of the collections deposited in the department under his control.

To Drs. Gerardo Lamas, Zsolt Bálint and Kurt Johnson to offer me without restrictions their wide knowledge, as well as their friendship, beyond the geographical distances.

To Drs. Robert Robbins, Olaf Mielke and Marcelo Duarte da Silva helped me with up to date information.

To my wife Betina, for her help in revision of the texts, and valuable suggestions.

To Daniel Novoa and Marcelo Montenegro for contributing field data.

To Colin Sharp for his interest and collaboration.

Índice de temas /
Index of contents

Palabras preliminares

El hecho que Argentina carezca de material bibliográfico que permita identificar con facilidad a las distintas especies de mariposas, ha generado que la mayoría de los aficionados al tema, se conviertan en meros coleccionistas. Recorren distintos ambientes naturales capturando y sacrificando de inmediato a estas desdichadas criaturas, con la ambición de descubrir una nueva especie para la ciencia. Luego, en la comodidad de sus hogares, realizan la determinación taxonómica de sus presas, muchas veces de manera errónea debido a la escasez de obras actualizadas, en particular en lo referente a las familias *Riodinidae* y *Lycaenidae*. Para poder revertir esta desagradable situación, es necesario contar con las herramientas adecuadas. El objetivo de esta guía ilustrada de campo, es el de servir como elemento de consulta rápida para aficionados y entomólogos interesados en la materia. Así se pretende reducir al mínimo o anular el impacto de las cacerías antes mencionadas.

La principal amenaza para la supervivencia de las distintas especies de insectos, es sin dudas, la alteración del medio en el que viven. Pero también es cierto que las colectas pueden provocar mermas en poblaciones ya amenazadas, e incluso contribuir al fenómeno de extinciones locales. Muchos coleccionistas aducen que mueren más especímenes atropellados por vehículos en un día de verano, que los que ellos pueden atrapar a lo largo de una temporada completa. Es cierto que incontable cantidad de mariposas mueren día tras día en las rutas, golpeadas por vehículos, pero suele tratarse de especies muy prolíficas, que cuentan con poblaciones numerosas. Las más susceptibles a los cambios ambientales y que exhiben poblaciones menores, suelen hallarse ocultas en la frondosidad de las selvas, en el interior de inhóspitos espinales o entre las rocas de las cumbres, allí donde los vehículos no llegan, pero sí lo hacen los colectores, que las convierten en su principal objetivo dada su escasez.

Muchas de las fotografías que aparecen en esta guía, han sido tomadas de ejemplares depositados en prestigiosas colecciones de museo, encontrándose los mismos a veces dañados por el correr de los años y de las investigaciones realizadas sobre ellos. Pero lo importante es que sirven para identificar a las mariposas que observaremos en la naturaleza, sin necesidad de matarlas. Otras han sido tomadas de ejemplares vivos, siempre que nos permita realizar un certero reconocimiento.

Preliminary words

The fact that Argentina lacks bibliographical material to easily identify different butterfly species has forced most amateurs to become simple collectors. They go over different natural environments capturing and immediately killing these unhappy creatures so as to discover a new species for Science. Once in their comfortable homes they carry out the taxonomic identification of their preys, many times in an erroneous way due to the lack of updated work mainly about the Riodinidae and Lycaenidae families. Appropriate tools are necessary to revert this unpleasant situation: The objective of this illustrated field guide is to constitute an element of quick consultation for amateurs and entomologists interested in the issue, and in this way, decrease to the minimum or even annul the impact of the hunts before mentioned.

The main threat for the survival of the different species of insects is without doubts the alteration of the environment in which they live. But it is also true that collections can also cause reductions in endangered populations and even contribute to the phenomenon of local extinctions. Many collectors claim that more specimens die in a summer day run over by vehicles than those they can catch in a complete season. Certainly, countless butterflies die day after day in the routes hit by vehicles, but they usually belong to species that have numerous populations. The most susceptible to environmental changes and at the same time smaller populations are usually hidden in the frondage of the forests, within bushes or among the rocks of the summits, where cars don't go by and where just collectors arrive, these insects becoming their main objectives.

Many of the pictures that appear in this guide have been taken from samples deposited in important museum collections, being sometimes spoilt due to time or from research work about them. But the important thing is that they are good enough to identify the butterflies that we will observe in nature without having to kill them. Others have been taken from living samples whenever they allow a good species recognition.

Introducción

¿Qué es un lepidóptero?

Los lepidópteros (*lepidos*: escama y *pteron*: ala) son insectos que pertenecen a la subclase Pterygota (con alas). En la cabeza se destacan un par de antenas, ojos compuestos, dos palpos labiales y aparato bucal adaptado para succionar líquidos, la probóscide. De su tórax emergen dos pares de alas membranosas cubiertas por diminutas escamas, dispuestas como tejas y tres pares de patas articuladas más o menos desarrolladas. Cumplen su ciclo de vida a través de una metamorfosis completa (huevo, oruga, crisálida y adulto). Los adultos son conocidos popularmente como mariposas.

El orden Lepidoptera se dividen en dos subórdenes de acuerdo a hábitos y características anatómicas. Aquellos que presentan un ensanchamiento en sus antenas, (clavas o mazas), poseen colores atractivos, suelen descansar con las alas plegadas sobre el dorso, y acostumbran volar durante las horas de luz, se los conoce como Rhopalocera o mariposa diurna. Por otro lado, a los que tienen antenas sin clavas o con una serie de "pelos" como si fueran peines (antenas pectinadas), poseen colores poco llamativos y suelen volar durante la noche, se los denomina Heterocera o nocturnos.

La utilización de los términos mariposas "diurnas" y "nocturnas" no es del todo correcto, ya que algunos Rhopalocera pueden volar al crepúsculo o al amanecer, mientras que muchos Heterocera lo hacen a plena luz del día. Para evitar confusiones, llamaremos "mariposas" a los Rhopalocera y "polillas" a los Heterocera.

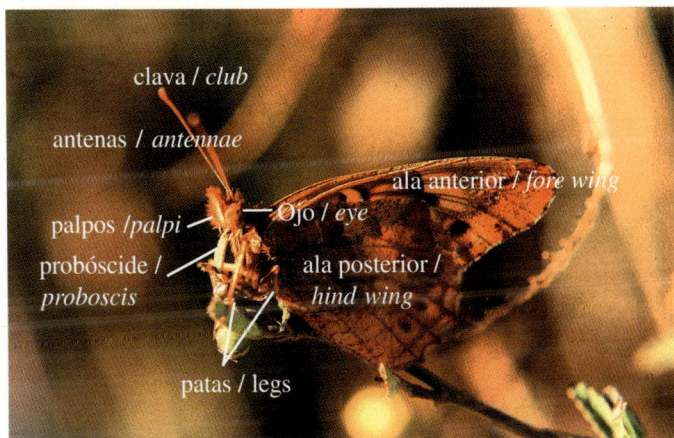

clava / *club*

antenas / *antennae*

ala anterior / *fore wing*

palpos /*palpi*

ojo / *eye*

probóscide / *proboscis*

ala posterior / *hind wing*

patas / legs

Ciclo de vida

El aspecto de los insectos aquí tratados, es muy distinto según la etapa de la vida en la que se encuentren, ya que sólo en la última poseen las características alas multicolores. Antes de convertirse en seres alados, deben consumar una serie de pasos, a este ciclo completo se lo conoce como metamorfosis, y estos son:

1. Huevo / *Egg*   2. Oruga / *Caterpillar*
3. Crisálida / *Chrysalis*   4. Adulto / *Adult*

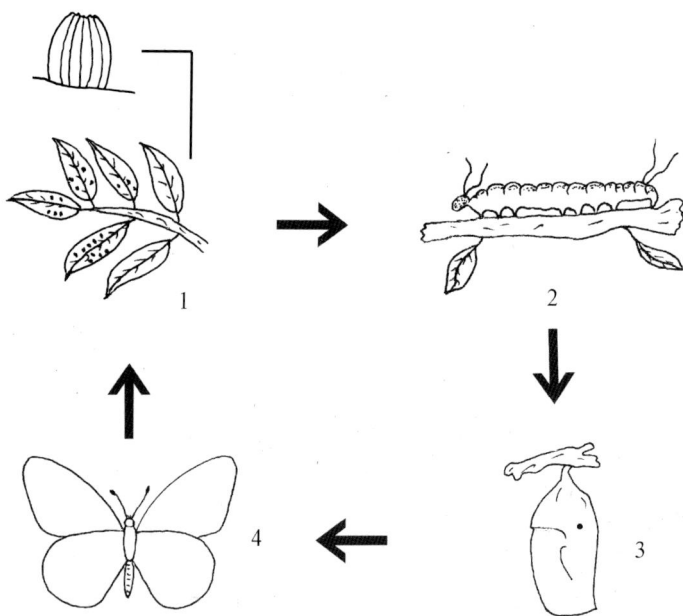

1. Huevos: Su tamaño varía entre 0,5 a 2 mm. Poseen formas muy diversas, esféricas, ovales o parecidas a mazorcas de maíz, turbantes o botellas. Su superficie puede ser lisa o estar cubierta de estrías o pocitos. El color va del blanco al verde. La hembra los deposita, aislados o en grupos de hasta 300, según la especie, en general en las hojas de la planta de la que se nutrirán las orugas. A este vegetal se lo conoce con el nombre de planta hospedadora.

2. Orugas: Conocidas popularmente como "gatas peludas", "isocas" o "gusanos", poseen cuerpo cilíndrico, dividido en varios segmentos. Su boca está dotada de mandíbulas adaptadas para masticar vegetales. Tienen tres pares de patas verdaderas, además de una serie de pseudópodos o patas falsas, colocadas en el abdomen, que les sirven para asirse con firmeza mientras se desplazan entre el follaje.

Las orugas son verdaderas "máquinas de comer", engullen con voracidad enormes cantidades de vegetales en relación con su escaso peso. Existen especies que comen durante el día, pero muchas lo hacen sólo por las noches. Algunas orugas viven solitarias, mientras que otras son gregarias, es decir que forman grupos. A veces, al desplazarse, forman un larga fila india, a éstas se las conoce como procesionarias. Estos dos últimos tipos de orugas siguen estas conductas para parecer organismos mayores, evitando así el ataque de muchos predadores.

Con el correr de los días, las orugas aumenta de tamaño, y su piel, muy poco elástica, les "queda chica", siendo reemplazada por otra mayor, como si cambiasen de ropa. A este proceso se lo conoce con el nombre de muda o ecdisis.

Como las orugas no pueden moverse con rapidez ni morder o picar a sus predadores, han desarrollado una serie de estrategias para poder sobrevivir en la naturaleza, que se detallan a continuación.

Debido a que se alimentan de hojas de vegetales, que contienen clorofila, el color predominante durante esta etapa es el verde, el que les permite camuflarse en el follaje. Unas pocas tienen coloración que simula excremento de aves, mientras que otras son pardas, pareciéndose a pequeñas ramas quebradas.

Pueden ostentar manchas con forma de grandes ojos (ocelos), que intimidan al ocasional agresor. Las orugas de la familia *Papilionidae* tienen oculto en su tórax un órgano carnoso en forma de horquilla, conocido como osmaterio. Cuando se encuentran en peligro, lo proyectan emitiendo un olor muy desagradable. Los pelos de algunas orugas son como agujas hipodérmicas, que contienen una sustancia irritante, el ácido fórmico, el mismo que poseen las hormigas, así se pueden defender del ataque de algún predador que pretende comérselas.

Para finalizar, algunas especies presentan una combinación de colores amarillo y rojo sobre un fondo negro, como las señales de aviso de un semáforo, esto previene a los agresores acerca de su sabor repugnante o toxicidad. A esta combinación de colores se la conoce como coloración de advertencia.

Orugas / *Caterpillars*

Hesperiidae

Brassolinae - Satyrinae

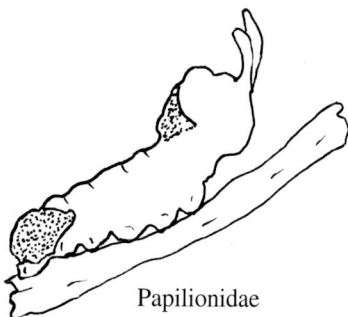

Papilionidae

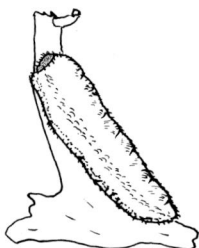

Lycaenidae

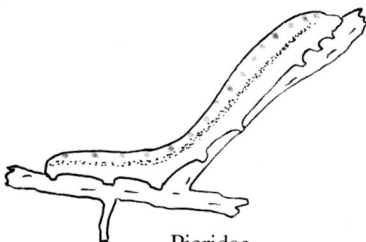

Pieridae

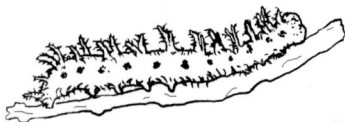

Nymphalinae

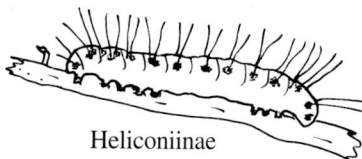

Heliconiinae

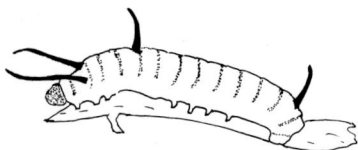

Danainae

3. Crisálidas: Las orugas, luego de comer de manera desenfrenada, pasan a un período de inmovilidad, en el interior de una pequeña envoltura, sin alimentarse, a esto se lo conoce con el nombre de crisálida. Esta inactividad es sólo aparente, ya que en el interior de la pupa, se producen importantes cambios. Todos sus órganos, exceptuando al sistema nervioso, se licúan, produciendo la fascinante transformación que dará lugar al nacimiento de la mariposa.

Esta es una etapa de alto riesgo para el insecto, ya que no puede desplazarse para escapar de los predadores. Por tal razón, las crisálidas suelen tener coloración críptica, intentando pasar inadvertidas. Algunas muestran manchas de color llamativo para advertir acerca de su toxicidad.

Las crisálidas pueden encontrarse cabaza arriba, atadas con un hilo de seda en su parte media, sobre su planta hospedadora u otro sustrato (cinguladas) o colgando cabeza abajo (suspendida). Otras se colocan en cartuchos construidos con hojas (encapsuladas), y finalmente unas pocas buscan refugio en el interior de hormigueros (subterráneas).

Crisálidas / *Chrysalises*

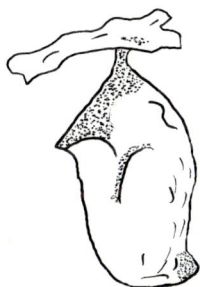

Suspendida / *Suspended*

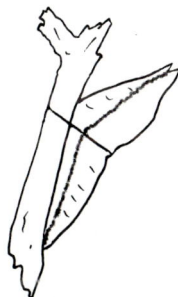

Cingulada / *Succinct*

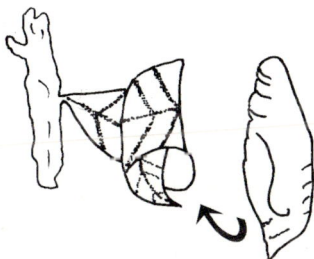

Encapsulad fuera de su cartucho / *Encapsulated, outside of its cartridge*

4. Adultos: Del interior de la crisálida emerge la mariposa, con sus alas arrugadas, debido a la estrechez del habitáculo en el que se desarrolló. Para adquirir la forma definitiva, permanece con las alas colocadas hacia abajo, llenando de este modo sus nervaduras con un líquido interno denominado hemolinfa, al mismo tiempo que se endurece la quitina, sustancia con la que se encuentra cubierta y que le brindará la rigidez necesaria para poder volar, dado que carecen de esqueleto interno. Las mariposas no crecen luego de salir de la crisálida, permanecen del mismo tamaño el resto de su vida.

A diferencia de las orugas, no poseen mandíbulas desarrolladas con las que puedan consumir alimentos sólidos, sino que a través de su probóscide succionan los líquidos que contienen nutrientes. Lateralmente a ella se encuentran los palpos labiales, órganos muy sensitivos, que le ayudan en la búsqueda de alimentos.

La coloración de las mariposas, desde la más llamativa hasta la más modesta, tiene siempre como meta evitar que sean devoradas por sus predadores, tal es así que estos insectos se han convertido en maestros del disfraz. Los colores de las alas se deben a la presencia de escamas, cada una de ellas posee un solo color. Estos colores pueden ser *pigmentarios*, es decir que se deben a la presencia de sustancias colorantes orgánicas, o *estructurales*. Los últimos se producen por la reflexión de las luz sobre pequeñas saliencias de las escamas. Así, una escama con pigmentos pardos, puede producir colores iridiscentes y cambiantes, por ejemplo entre azul y verde.

Algunas poseen coloración críptica, es decir que intentan camuflarse en medio que las rodea. Presentan colores pardos y líneas en la parte inferior de sus alas, que imitan a la perfección a una hoja seca con sus nervaduras, otras imitan a una hoja verde. En algunas especies, la escasez de escamas hace a las alas transparentes, esto le permite confundirse a la perfección con la vegetación circundante.

Otras poseen colores estructurales brillantes en su parte superior y crípticos (pardos o verdes) en la inferior. De este modo pasan inadvertidas cuando están posadas entre el follaje con las alas plegadas. Pero cuando vuelan, al ser iluminadas por los rayos solares, muestra alternativamente ambas caras de sus alas, generando destellos intermitentes de color, como los disparos del flash de una cámara fotográfica. Esto confunde a los predadores que intentan perseguirlas. A este mecanismo de defensa se lo conoce con el nombre de efecto flash o relámpago.

Ciertos grupos de mariposas están equipados con manchas en forma de ojos, llamadas ocelos, en la faz inferior y distal de sus alas. El atacante fija allí su atención, sospechando que en ese lugar se encuentra la cabeza de su víctima, a la que trata de sorprender y matar de un solo golpe. Pero en realidad él es el sorprendido, ya que la presa escapará ante sus ojos, sólo con un trocito menos de ala.

Otro elemento de distracción lo constituyen las colas, prolongaciones presentes en las alas posteriores. En el caso de los *Lycaenidae*, las colas simulan las antenas de una falsa cabeza constituida por un pequeño lóbulo ubicado en el ángulo anal. En el mismo sitio suele colocarse también un ocelo que imita a un ojo. Las mariposas equipadas con estos elementos desarrollan además una conducta denominada frotado. Esto es, cuando liban, con las alas plegadas, elevan el ángulo anal de sus alas posteriores, y las mueven verticalmente y de manera alternada una hacia arriba y otras hacia abajo. Esto tiene como función atraer la atención del predador hacia esa falsa cabeza, que puede ser dañada por su ataque, pero el insecto puede escapar sin mayores daños.

Como ocurre con algunas orugas, ciertas mariposas poseen coloración de advertencia o aposemática, que alerta sobre su sabor desagradable o toxicidad. Muchas especies tóxicas, que pertenecen a distintas familias, tienen colores y forma de vuelo similares, denominándose a esto mimetismo de Müller. Si un ave inexperta captura a cualquiera de ellas, recordará el resto de su vida el gusto repugnante o malestar producido, asociándolo a ese color. De este modo, cada especie de mariposa se beneficiará con una menor pérdida de individuos por ave joven que aprende, qué es lo que no debe comer. Por otro lado, hay especies que copian la forma, coloración y tipo de vuelo de las tóxicas (modelos), pero ellas no lo son, sólo se benefician con su aspecto (mimos), a esto se lo llama mimetismo de Bates.

El tiempo de vida promedio de las mariposas es de una o dos semanas, aunque hay excepciones, las más longevas pueden superar los ocho meses de vida, como es el caso de la *monarca* y algunos *Heliconiinae*. Los *Papilionidae* del género *Battus* viven unos 50 días.

Finalmente, para defenderse de las inclemencias del clima invernal, los lepidópteros deben ingresar en un período de letargo, a ese momento de su vida se lo conoce como etapa de resistencia invernal o diapausa. Algunas especies pasan los meses más fríos en forma de huevo, otras lo hacen como oruga o crisálida, mientras que unas pocas lo hacen como adulto. Cuando comienza la primavera, se reanuda el ciclo en la etapa en la que fue interrumpida.

Introduction

What is a lepidopteran?

The lepidopterans (*lepidos*: scales, *pteron*: wing) are insects that belong to the subclass Pterygota (with wings). On their heads they have a pair of antennae, compound eyes, two palpi and oral apparatus adapted for suction of liquid, the proboscis. On their thorax two pairs of membranous wings emerge covered by tiny scales laid like tiles and three pairs of articulate legs more or less developed. They complete their cycle of life through a complete metamorphosis (egg, caterpillar, chrysalis and adult). Adults are those that we popularly know as butterflies.

Lepidoptera order is divided in two suborders according to habits and anatomic characteristics. Those that present a thickening in their antennae (clubs), having attractive colours, usually rest with the wings folded on the back, and that use to fly during the hours of light, these are the Rhopalocera or butterflies. On the other hand, to those that have antennae without clubs or with a series of "hairs" like combs, have not very attractive colours and that usually fly during the night, these are the Heterocera or creatures of the night (moths).

The use of the terms day and night butterflies is not completely correct, since some Rhopalocera can fly at twilight or the daybreak, while many Heterocera can be seen in daylight. To avoid confusion, we will call "butterflies" to the Rhopalocera and "moths" to the Heterocera.

(see page 13)

Cycle of life

The appearance of the insects here studied, is very different in the early stages, as only the final stage is what we know as a butterfly with its multicoloured wings. Before becoming winged beings, they have to pass through the cycle of metamorphosis and this consists of:

1. Egg
2. Caterpillar
(see page 14)

3. Chrysalis
4. Adult

1. Eggs: Their size varies among 0,5 to 2 mm. They possess very diverse, spherical, oval or similar forms to corncob, turbans or bottles. Their surface can be flat or be covered with grooves or pits. The colour goes from white to green. The female deposits them isolated or in groups of up to 300, according to the species, usually on the leaves of the plant on which the caterpillars will feed. This vegetable its called the host plant.

2. Caterpillars: Known popularly as "hairy cats", "worms" or "isocas", they possess cylindrical body, divided in several segments. Their mouth is endowed with jaws adapted to chew vegetables. They have three pairs of true legs, besides a series of false ones, placed in the abdomen that are useful for them to grip the foliage whilst they move about.

The caterpillars are true "machines of eating", they gobble with voracity enormous quantities of vegetables in connection with their scarce weight. Some species eat during the day, but many others eat at nights. Some caterpillars live solitary, while others are gregarious, that is to say that they form groups. Sometimes, when moving, they form a long single file, these are called processionary. These last two types of caterpillars have this behavior to seem bigger organisms, avoiding in this way the attack of many predators.

In time, they increase in size, and their skin, very not very elastic, "it is small", being replaced by another bigger one, as if it changes clothes. This process is known as moulting or ecdysis.

As caterpillars they cannot move quickly neither to bite or to itch to their predators, so they have developed a series of strategies to be able to survive in nature and these are:

Because they feed on the leaves of vegetables that contain chlorophyll, the predominant colour during this stage it is green, the one that allows them to be camouflaged in the foliage. A few have coloration that simulates excrement of birds, while others are brown, resembling small broken branches.

They can show stains with the form of big eyespots (ocelli) that intimidate the occasional aggressor. The caterpillars of the family *Papilionidae* have hidden in its thorax a fleshy organ in fork form, well-known as osmeterium. When they are in danger, they project it emitting a very unpleasant scent. The hairs of some caterpillars are as hypodermic needles that contain an irritating substance, formic acid the same as ants, and in this way can defend themselves from the attack of some predator seeking to eat them.

To conclude, some species present a yellow and red combination of colours on a black background, as the signs of warning of a traffic light, this alerts the aggressors to their repugnant flavour or toxicity. This combination of colours is known it to him as a warning or aposematic coloration.

(see page 16)

3. Chrysalises: The caterpillars, after gorging, spend a period of immobility, inside a small cover, without feeding, this is the chrysalis stage. This inactivity is only apparent, since inside the pupa, important changes take place. All their organs, excepting the nervous system, are liquefied, the fascinating transformation that will give place to the birth of the butterfly is taking place.

This is a stage of high risk for the insect, since it cannot move to escape from the predators. For such a reason, the chrysalises usually have cryptic coloration, trying to pass unseen. Some show stains of attractive colour to show their toxicity.

The chrysalises can found fixed head-up on the host plant or other support. It has a silken girdle around its middle keeps it upright (succinct) or hangs head-down from a silken pad (suspended). Other are placed in cartridges made of leaves (encapsulated), and finally a few look for refuge inside anthills (underground

(see page 17)

4. Adults: Out of the chrysalis the butterfly emerges, with her wrinkled wings, due to the hardship of the dwelling in which she was developed. To acquire the definitive form, it remains with the wings placed down, filling their veins this way with a liquid called hemolymph, at the same time the quitina, substance which covers the wings that will give them necessary rigidity for flight, becomes hard since they lack an internal skeleton. The butterflies don't grow after leaving the chrysalis, they remain the same size the rest of their life.

Contrary to the caterpillars, they don't possess jaws developed to eat solid foods, but rather through their proboscis suck the liquids that contain nutrient. Alongside it are the labial palpi, very sensitive organs that help it in the search of foods.

The coloration of the butterflies, from the most attractive until the most modest, always has the objective to avoid that they are eaten

Algunas adaptaciones para la supervivencia / *Some adaptations for survival*

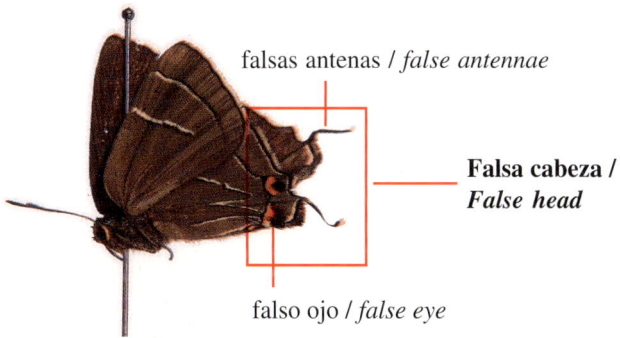

falsas antenas / *false antennae*

Falsa cabeza /
False head

falso ojo / *false eye*

Coloración críptica / *Cryptic coloration*

Coloración de advertencia y mimetismo / *Warning coloration and mimicry*

Eressia lansdorfi

Heliconius erato phyllis

by its predators, so these insects have become masters of disguise. The colours of the wings are due to the presence of scales, each one of them possesses a single colour. These colours can be pigmentary, that is to say that they are due to the presence of organic colouring substances, or structural. The last ones take place for the reflection of the light on small salients of the scales. In this way, a scale with brown pigments, can produce iridescent and changing colours, for example, between blue and green.

Some possess cryptic coloration, that is to say that they try to be camouflaged in their surrounding. They present brown colours and lines in the ventral surface of their wings imitating to perfection that of a dry leaf with its nervures, others can imitate a green leaf. In some species, the shortage of scales makes the wings transparent, this allows them to disappear in the surrounding vegetation.

Others possess brilliant structural colours in their dorsal surface and cryptics (brown or green) in the ventral one. This way they are hidden when they are resting amongst the leaves with folded wings. But when they fly, when the sun is shining, they show both faces of their wings alternately, generating intermittent gleams of colour, as the shots of the flash of a photographic camera. This confuses to the predators that try to pursue them. This defence mechanism is known as flash effect or lightning.

Certain groups of butterflies are equipped with stains in form of eyes, called eyespots or ocelli, in the ventral surface and distal part of their wings. The predator attacks this area, suspecting that in that place it is the victim's head, to the one that tries to surprise and to kill of a single blow. But in fact he is the one surprised, since the prey will escape before his eyes, only with a piece less of wing.

Another element of distraction constitutes the tails, present in the hind wings. In the case of the *Lycaenidae*, the tails seem antennae of a false head constituted by a small lobe located in the anal angle. In the same area it usually places also an eyespot that imitates an eye. The butterflies equipped with these elements also develop a behavior denominated rubbing. This is, when they suck, with the folded wings, they elevate the anal angle of their hind wings, and they move them vertically, and in an alternate way one up and the other down. This has the effect of attracting the attention of the predator toward that false head that can be damaged by their attack, but the insect can escape without more damage.

As also with some caterpillars, certain butterflies possess warning or aposematic coloration that warns of their unpleasant flavour or toxicity. Many toxic species that belong to different families, have similar colours and flight pattern, and this is called Müllerian mimicry. If a young bird captures anyone of them, it will remind him for the rest of its life the repugnant taste or unpleasant feelings, associated with that colour. This way, each butterfly species will benefit with a smaller loss of individuals for the young birds learn what they should not eat. On the other hand, there are species that copy the form, coloration and type of flight of the toxic ones (models), but they are not (mimes), they only benefit from their miming, this is Batesian mimicry.

The average life of butterflies is of one or two weeks, although there are exceptions, the more long-lived can surpass eight months of life, like the *monarch* or some *Heliconiinae*.The *Papilionidae* of the genus *Battus* have an average life of 50 days.

Finally, to protect them from the inclemencies of the winter climate, the butterflies enter into a period of lethargy, that moment of their life is known as the stage of winter resistance (diapause). Some species spend the coldest months in egg form, other make it as caterpillars or chrysalises, while some few make it as an adult. When spring begins, the cycle is renewed at the stage in which it was interrupted.

Taxonomía

La taxonomía es la parte de las ciencias naturales que tiene por objeto la clasificación de los seres vivos. Para evitar confusiones creadas por los diversos nombres que puede adquirir una misma entidad biológica en distintos sitios geográficos, el biólogo sueco Carl von Linnaeus ideó en el siglo XVIII el llamado sistema binominal o binario, que se utiliza internacionalmente para identificar a las especies animales y vegetales. Así se le adjudica a cada especie un nombre formado por dos vocablos. La primera parte del mismo corresponde al género, se escribe con su letra inicial en mayúscula. La segunda parte se escribe con minúscula. Ambas palabras deben ir en *cursiva*. Por último puede introducirse un tercer vocablo, que designa subespecie o raza (población de una especie, geográficamente aislada, más o menos distinta, capaz de generar descendencia con otros miembros de la especie). Un género puede contener a varias especies, y a su vez esta varias subespecies. El nombre científico debe ir seguido por el apellido de quien lo describió por primera vez, y a veces del año en el que fue publicado. Si el autor se encuentra entre paréntesis significa que por alguna razón técnica, se ha cambiado el nombre original de la especie. De este modo y debido a rigurosos controles, se logra que cada mariposa tenga una sola denominación en todo el mundo.

Los animales y vegetales se agrupan en categorías taxonómicas mayores, siempre reunidos por caracteres similares, desde los más generales a los más puntuales. Así, las mariposas se colocan en las siguientes categorías de las más amplias a las menores:

Reino: *Animal*.
Filum: *Artropoda*
Clase: *Insecta*
Orden: *Lepidoptera*
Suborden: *Rhopalocera*
Superfamilias: *Hesperoidea* y *Papilionoidea*
Familias: *Hesperiidae, Papilionidae, Pieridae, Lycaenidae, Riodinidae* y *Nymphalidae*.

A su vez cada familia se divide en varias subfamilias y ellas en distintas tribus que contienen uno o más géneros. La desinencia de los vocablos que identifican a las familias es *-idae* (ej. *Nymphalidae*), *-inae* en las subfamilias (ej. *Heliconiinae*) e *-ini* en las tribus (ej. *Acraeini*).

Taxonomy

The taxonomy is the part of the natural sciences that has for object the classification of the live beings. To avoid confusions created by the diverse names that a biological entity can be given in different geographical places, Swedish biologist Carl von Linnaeus devised in the XVIII century the binominal or binal system that is used internationally to identify animal species and plants. This gives to each species a name formed by two words. The first part of the name corresponds to the genus, it is written with its initial letter in capitals. The second part is written in lower case. Both words should go in *italics*. Lastly a third word can be introduced that designates the race or subspecies (a more or less distinct geographic population of a species that is able to interbreed with others members of the species). A genus can contain several species, and this, several subspecieses. The scientific name includes the last name of the author who described the species for the first time, and sometimes the year in which it was published. If which the author given in brackets it means that for some technical reasons, with time the original name of the species has been changed. This way and due to rigorous controls, each butterfly has a single scientific name worldwide.

Animals and plants are grouped in higher taxonomic categories, according to similar characteristics from the most general to the most particular. In this way, butterflies are placed in the following categories from the largest to the smallest:

Kingdom: *Animal*.
Phyllum: *Arthropoda*
Class: *Insecta*
Subclass: *Pterygota*
Order: *Lepidoptera*
Suborder: *Rhopalocera*
Superfamilies: *Hesperoidea* and *Papilionoidea*
Families: *Hesperiidae, Papilionidae, Pieridae, Lycaenidae, Riodinidae* and *Nymphalidae*.

Each family is divided into several subfamilies and then in different tribes that have one ore more genus. The families are identified by the suffix *-idae* (e.g. *Nymphalidae*), *-inae* in the subfamilies (e.g. *Heliconiinae*) and *-ini* in the tribes (e.g. *Acraeini*).

Familias y subfamilias /
Families and subfamilies

Familia *Hesperiidae*: Con gran cantidad de especies • **Cuerpo robusto, alas pequeñas** y tres pares de patas bien desarrolladas • Casi siempre con coloración poco atractiva (críptica) • **Vuelo saltante** (rápido y de corto alcance, como saltando de flor en flor) • Ocupan el nivel bajo de la vegetación, no superando el metro de altura • Huevos ovales o esféricos, con base aplanada; lisos, reticulados o estriados • Orugas con cuello bien marcado • Crisálidas envuelta en un cartucho de hojas o entre las gramíneas • Tres subfamilias en Argentina: *Pyrrhopyginae, Pyrginae* y *Hesperiinae.*

Family Hesperiidae*: A great quantity of species • **Robust body, small wings** and three pairs of well developed legs • Almost always with coloration not very attractive (cryptic) • **Jumping flight** (quick and of short reach, as jumping from flower to flower) • To be found in the lower level of the vegetation up to a meter high • Oval or spherical eggs, with smoothed base, flat, reticulated or grooved • Caterpillars with neck very marked • Chrysalises wrapped in cartridges of leaves or among grasses • Three subfamilies in Argentina: Pyrrhopyginae, Pyrginae and Hesperiinae.*

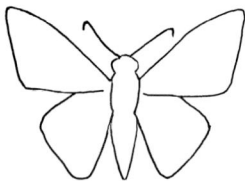

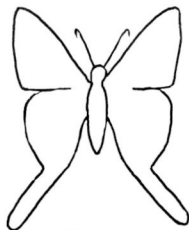

Subfamilia *Pyrgynae*: **Descansan con ambos pares de alas a 180°** • Algunas especies con cola o lóbulo anal • Machos a veces con androconium en pliegue costal o mechón de pelos.

*Subfamily Pyrgynae: **They rest with both pairs of wings to 180°** • Some species with tails or anal lobe • Males sometimes with androconium in costal fold or lock of hairs.*

Subfamilia *Hesperiinae*: **Descansan con las alas anteriores en posición vertical y las posteriores a 180°**, dispuestas como la cola de un aeroplano • Machos a veces con estigma.

*Subfamily Hesperiinae: **They rest with fore wings in vertical position and hind wings at 180°**, similar to the tail of an aeroplane • Males sometimes with stigma.*

Familia *Papilionidae*: Muchas con colores atrayentes y **colas** • Tres pares de patas bien desarrolladas • Los machos suelen formar asambleas en zonas fangosas • Algunas especies con hembras polimórficas • Vuelo vigoroso • **Liban casi sin apoyarse, mientras mueven las alas** • Huevos en general esféricos y estriados • Orugas con osmeterium, órgano retráctil en los primeros segmentos torácicos, capaz de emitir olor desagradable. Algunas con protuberancias • Crisálidas cinguladas.

*Family **Papilionidae**: Many with attractive colours and **tails** • Three pairs of well developed legs • The males usually form assemblies in muddy areas • Some species with female polymorphic • Vigorous flight • **They suck almost without resting, while they move the wings** • Generally spherical and grooved eggs • Caterpillars with osmeterium, retractile organ in the first thoracic segments, able to emit unpleasant scent. Some with protuberances • Chrysalises succincts.*

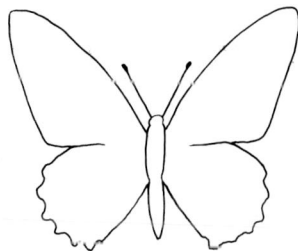

Familia *Pieridae*: Los colores predominantes son amarillo, blanco y anaranjado, pocos géneros muy coloridos • Tres pares de patas bien desarrolladas • Descansan con las alas plegadas • Puede haber dicromatismo sexual y/o estacional, algunas veces hembras polimórficas • Machos a veces con androconium • **Vuelo vigoroso** • Suelen reunirse en grandes grupos (asambleas) sobre el piso húmedo • Huevos fusiformes, colocados con el eje mayor vertical, con estrías longitudinales • Orugas sin protuberancias • Crisálidas cinguladas.

*Family Pieridae: The predominant colors are yellow, white and orange, few genus very colourful • Three pairs of well developed legs• They rest with the wings folded • It can have sexual dichromatism, seasonal dichromatism and/or, females polymorphic • Sometimes males with androconium • **Vigorous flight** • Usually they meet in large groups (assemblies) on the damp floor • Fusiform eggs, placed with the vertical bigger axis, with longitudinal grooves • Caterpillars without protuberances • Chrysalises succincts.*

Subfamilia *Dismorphiinae*: **Alas anteriores largas y angostas**, en las hembras algo triangulares • En general de colores llamativos • Vuelo tremulante o perezoso.

Subfamily Dismorphiinae: Fore wings long and narrow, in the females somewhat triangular • In general with attractive colours • Tremulous or lazy flight.

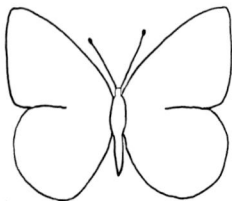

Subfamilia *Pierinae*: En general blancas, con diseño pardo o negro.
Subfamily Pierinae: In general white, with brown or black pattern.

Subfamilia *Coliadinae*: En general amarillas, con diseño pardo o negro.
Subfamily Coliadinae: In general yellow, with brown or black pattern.

Familia *Lycaenidae*: Patas anteriores (protorácicas) atrofiadas en los machos • Colores diferentes en ambas faces, **faz dorsal muchas veces azul brillante** (color estructural), faz ventral con coloración críptica • Descansan con las alas plegadas, frecuentan matorrales entre cuyo follaje se camuflan • Huevos con forma de cúpula o achatados, con estrías o pozuelos • Orugas parecidas a babosas • Crisálidas cortas y anchas, suelen ser cinguladas.

Family Lycaenidae: Fore legs atrophied in males • Different colours in both faces, dorsal surface many times brilliant blue (structural colour), ventral surface with cryptic coloration • Rest with folded wings, they frequent heaths among whose foliage they are camouflaged • Eggs with dome or flattened form, with grooves or dimples • Caterpillars similar to slugs • Short and wide chrysalises, they are usually succincts.

Subfamilia *Theclinae*: Muchas con **una o dos pequeñas colas**, que mueven hacia arriba y abajo, simulando ser antenas, para atraer la atención de los predadores hacia sitios menos vitales de su organismo. A esta acción se la denomina **frotado** • A veces machos con estigma.

*Subfamily Theclinae: Many with **one or two small tails** that move up and below, feigning to be antennae, to attract the attention of the predators toward less vital places of their bodies • This defensive behavior is called **rubbing** • Sometimes males with stigma.*

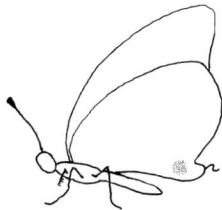

Subfamilia *Polyommatinae*: Sin colas, tamaño pequeño.

Subfamily Polyommatinae: Without tails, small size.

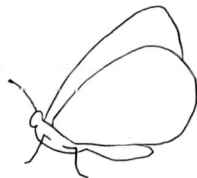

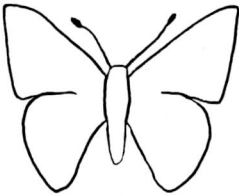

Familia *Riodinidae*: Patas anteriores atrofiadas en los machos • **Muchas especies permanecen ocultas** • Descansan, según la especie, con las alas extendidas o plegadas • **Sedentarias**, ocupan pequeños territorios de cuyos límites no se alejan • Utilizan el estrato bajo, no suelen volar a más un metro de altura • Huevos semiesféricos, con pozuelos • Orugas anchas, con delgados pelos.

*Family **Riodinidae**: Fore legs atrophied in the male • **Many species remain hidden** • According to the species, they rest with unfolded or folded wings • **Sedentary**, occupy small territories within which area they do not leave • They use the low stratum, they do not usually fly at more than a meter high • Eggs hemispheroidal, with minute depressions • Wide caterpillars with thin hairs.*

Familia *Nymphalidae*: Dividida en muchas subfamilias, con especies de colorido, forma de alas y tipo de vuelo muy diferentes • Patas anteriores atrofiadas en los machos • Huevos y orugas con formas muy diversas • Crisálidas suspendidas.

*Family **Nymphalidae**: Divided in many subfamilies, the species have very different coloration, wing shapes and flight behaviors • Fore legs atrophied in the male • Eggs and caterpillars have several shapes • Chrysalises suspended.*

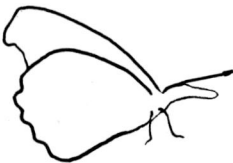

Subfamilia Libytheinae: **Palpos labiales muy largos** • Vuelo quebrado.
*Subfamily Libytheinae: **Very long labial palpi** • Broken flight.*

Subfamilia *Apaturinae*: **Con especies de colorido** atractivo, muchas veces **brillante**, provocan efecto flash para escapar de los predadores • Dicromatismo sexual • Vuelo vigoroso y deslizante.

*Subfamily Apaturinae: Many times **with attractive brilliant colouring**. They create flash effect to escape their predators • Sexual dichromatism • Vigorous and sliding flight.*

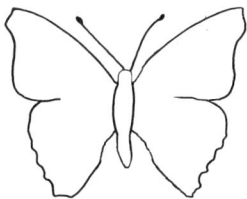

Subfamilia *Biblidinae*: Vuelo deslizante • Algunas especies con coloración de advertencia.

Subfamily Biblidinae: Sliding flight • Some species with warning coloration.

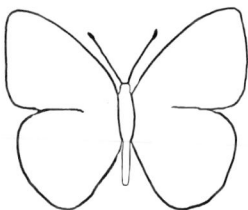

Subfamilia *Nymphalinae*: Se divide en varias tribus • Vuelo deslizante o errático.

Subfamily Nymphalinae: Divided into several tribes • Erratic or sliding flight.

Subfamilia *Heliconiinae*: Alas anteriores largas y angostas • **Muchas especies con coloración de advertencia** • Anillos miméticos • Orugas con espinas, plantas hospedadoras *Passifloraceae*.

*Subfamily Heliconiinae: Fore wings long and narrow • **Many species with warning coloration** • Mimicry rings • Caterpillars with spines, host plants Passifloraceae.*

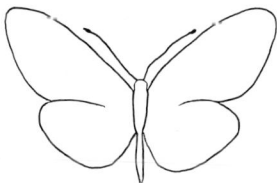

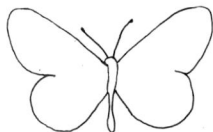

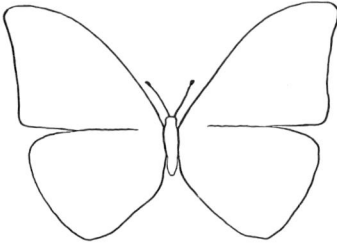

Subfamilia *Morphinae*: **Amplia superficie de alas con relación al cuerpo**, que le permite planear sin dificultad • Muchas con colores brillantes, estructurales • Vuelo ondulante • Por su belleza y tamaño son perseguidas por los coleccionistas.

Subfamily Morphinae: **Large wings according to their body size** *that allow them to glide easily* • *Many with brilliant, structural colours* • *Undulant flight* • *For their beauty and size they are pursued by the collectors.*

Subfamilia *Brassolinae*: Con grandes ocelos en su faz ventral • **Hábitos crepusculares** • Algunas especies con androconium • Vuelo vigoroso • Orugas con extremidad posterior ahorquillada.

Subfamily Brassolinae: With big eyespots in their ventral surface • **Twilight habits** *• Some species with androconium* • *Vigorous flight* • *Caterpillars with forked posterior extremity.*

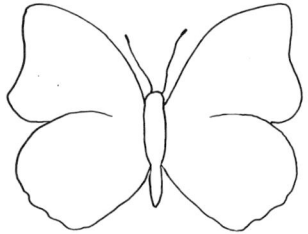

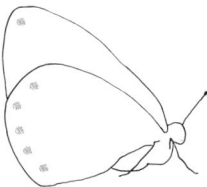

Subfamilia *Satyrinae*: **Coloración poco atractiva, con ocelos** • **Vuelo provocado**, prefieren permanecer ocultas en los pastizales • Orugas con extremidad posterior ahorquillada.

Subfamily Satyrinae: Unattractive coloration, with eyespots • **Provoked flight**, *prefers to remain hidden among grassy vegetation* • *Caterpillar forked posterior extremity.*

Subfamilia *Ithomiinae*: Alas anteriores largas y angostas • **Presentan, según la especie, coloración de advertencia o son transparentes** • Machos con androconium • Vuelo tremulante, generalmente en zonas sombrías • Plantas hospedadoras *Solanaceae*.

*Subfamily Ithomiinae: Long and narrow fore wings • Depending the species, wings are **transparent or have warning coloration** • Males with androconium • Tremulous flight, generally in dark zones • Host plants Solanaceae.*

Subfamilia *Danainae*: **Presentan coloración de advertencia** • Vuelo vigoroso • Orugas llamativas, con "tentáculos" en cada extremo de su cuerpo, plantas hospedadoras *Asclepidaceae* y *Apocynaceae*.

*Subfamily Danainae: **Warning coloration** • Vigorous flight • Attractive caterpillars, with "tentacles" on the extremities of their body • Host plants Asclepidaceae and Apocynaceae.*

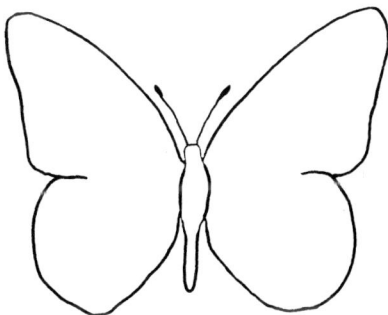

Area de estudio y biogeografía

La provincia de Buenos Aires ha sufrido grandes modificaciones, debido a los asentamientos humanos, las actividades agrícolas y ganaderas además de la utilización indiscriminada de plaguicidas. Contiene parte de cuatro zonas biogeográficas:

1. Paranaense: Ubicada en el nordeste, sobre las costas del Río de la Plata, extendiéndose hasta la Reserva Natural de Punta Lara (Ensenada). Aquí se encuentra la selva costera, denominada marginal o en galería (monte blanco), invadida en gran medida por especies exóticas.

En esta zona biogeográfica podemos incluir, por razones prácticas, a las islas del delta del Paraná y a la isla Martín García.

Esta es la zona de mayor biodiversidad. Se halla en gran parte invadida por la presencia de vegetación exótica. Recibe el aporte pulsátil de especies de vertebrados e invertebrados de la zona mesopotámica, que arriban al lugar transportadas por la vegetación flotante que es arrastrada por las periódicas inundaciones. Si bien muchas no se reproducen aquí, no deberían excluirse como parte de la entomofauna sólo por su inconstante presencia.

2. Pampeana: Ocupa gran parte de la provincia de Buenos Aires, constituida por praderas y estepas herbáceas, salpicada por lagunas y grandes extensiones cultivadas. Con clima templado, heladas invernales y lluvias muy variables de acuerdo a la latitud, (en el nordeste unos 1100 mm anuales y en el sudoeste unos 400 mm).

La monotonía del paisaje sólo se ve interrumpida por las serranías de los sistemas de Tandil, con una altura no mayor a los 500 metros, y Ventana que llega a los 1250 metros. Estos sectores serranos realizaron una evolución geológica aislada de las planicies que las rodean, por lo tanto tienen una flora y fauna que se presenta sólo en estos sitios (especies endémicas). En el caso de las mariposas tenemos a *Pampasatyrus tandilensis* y *Audre susanae*, exclusivas de la región. Aquí se encuentra el pastizal serrano, sin grandes diferencias entre la lepidopterofauna de la base y la cumbre de las sierras, aún en sus picos más altos.

3. Espinal: Encierra en un semicírculo a la zona pampeana. En el norte predominan los bosques de *talas* (*Celtis tala*), desde las barrancas del Paraná, continuando con albardones de conchilla hasta los alrededores de la Bahía de Samborombón. Por el sur, donde las lluvias son muy escasas, predomina el *caldén* (*Prosopis caldenia*).

4. Monte: Ocupa el sector sur de la provincia, y los espacios entre las sierras pampeanas, donde predominan la estepa y los matorrales con arbustos de escasa altura.

El origen geológico de la Isla Martín García es distinto al del resto de las islas del nordeste. Surgió por una fractura del macizo brasílico. Con un basamento cristalino y casi 170 hectáreas de superficie, contiene ambientes muy variados como selvas, espinales con predominio de talas, médanos, etc. Debido a su origen geológico y a la diversidad de ambientes, muchas especies de mariposas que allí habitan, no se encuentran en otros sitios de la provincia de Buenos Aires.

Zonas biogeográficas /
Biogeographical zones

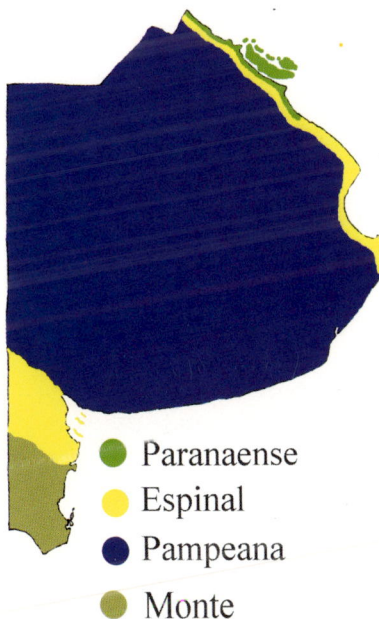

- Paranaense
- Espinal
- Pampeana
- Monte

Study area and biogeography

Buenos Aires province has suffered big changes, due to the human settlements, agricultural activities and cattlemen, besides the indiscriminate use of pesticides. It contains parts of four biogeographical zones:

1. Paranaense: Located in the northeast, on the coast of the Río de la Plata, extending until Punta Lara Natural Reserve (Ensenada). Here there is coastal forest, called marginal forest or gallery forest (locally white woods)..

We can place in this biogeographical zone, for practical reasons, the lower delta of the Paraná and Martín García Island.

This is the area of most biodiversity. It is largely invaded by the presence of exotic vegetation. It receives the occasional contribution of vertebrate and invertebrate species of the mesopotamian area that arrive transported by the floating vegetation that is carried down by the periodic floods. Although many butterflies do not reproduce here, they should not be excluded from the entomological fauna if only for their occasional presence.

2. Pampeana: Occupies great a part of the Buenos Aires province, made up of prairies and herbaceous steppes, sprinkled with lagoons and large cultivated areas. Temperate climate, winter frosts and very variable rains according to the latitude (in the Northeast annual 1100 mm and in the Southwest about 400 mm).

The monotony of the landscape is only interrupted by the low mountains of Tandil, with a height not greater than 500 meters, and Ventana with 1250 meters. These mountain sectors followed an isolated geologic evolution from that of the plains that surround them. Therefore they have a flora and fauna that it is only present in these places (endemic species). In the case of the butterflies we have *Pampasatyrus tandilensis* and *Audre susanae*, exclusive to the region. Here, in mountain grasslands, there is no big difference between the lepidopterofauna at the foot of the hills and the summit of the mountains, even on the highest peaks.

3. Espinal: Surrounds the Pampeana zone as a semicircle. In the north the tala woods prevail, from the cliffs of the Paraná, continuing with calcareous fossil soil until the edges of Samborombón Bay. In the south, where rain is scarce, the *caldén* prevails.

4. Monte: It occupies the southern sector of Buenos Aires province, and the spaces between the pampas mountains, where the steppe and the heaths prevail with bushes of low height.

The geologic origin of Martín García Island is different to that of the rest of the islands of the NE delta. Martín García arose from a fracture of the brazilian plateau. With a crystalline base and almost 170 hectares of surface, it contains a very varied environment with forests, tala woods, dunes, etc. Due to its geological origin and to the diversity of environments, many species of butterflies that live here, are not found in other parts of the province of Buenos Aires.

(see page 37)

Paisaje de las sierras bonaerenses (Balcarce) /*Views of the countryside in the area of the Sierras of the S.E. of the province.*

Actividad agrícola en campos de la provincia de Buenos Aires/ *Agricultural work in the cultivated areas of Buenos Aires province.*

Observación en la naturaleza

Con la práctica, le será fácil diferenciar una especie de otra por la manera en que posan, ambientes preferidos, silueta y forma de vuelo. En muchas oportunidades pueden ser de gran ayuda unos binoculares de distancia focal corta. En un comienzo o en el caso de especies de difícil reconocimiento, la técnica consiste en capturar al insecto con una red, construida con un anillo metálico con un mango, que sostiene una larga bolsa de tul. Cuando la mariposa ha sido atrapada, con mucho cuidado, se restringe con una mano el sector por el cual puede moverse el ejemplar, de éste modo podrá observar de cerca detalles que le serán de utilidad. Una vez identificado y obtenidos los datos que considere de interés, los que serán volcados en nuestra libreta de campo o grabadora, se reintegrará el ejemplar a la naturaleza sin daño alguno.

Cómo utilizar esta guía

Las fichas que permiten la identificación de las distintas especies de mariposas presentes en la provincia constan de las siguientes partes:

Nombre vulgar. Se lo incluye para facilitar la tarea de los que recién se inician en el tema. De todos modos debe advertirse, que lo más adecuado es familiarizarse paso a paso con los nombres científicos, para poder realizar intercambios de información con otros observadores de manera irrefutable. Los nombres vulgares pueden prestarse a equívocos, ya que no están estandarizados. Se ha tratado de utilizar nombres que indiquen características físicas, hábitos o incluso que estén relacionados con el nombre científico.

Nombre científico, autor y año: Se ha realizado un exhaustivo examen de numerosos ejemplares, consultas tanto bibliográficas como con prestigiosos expertos de diversos museos del mundo, adoptando la nomenclatura taxonómica considerada en la actualidad como la más adecuada. También se menciona a la persona que describió por primera vez a la especie y el año en que lo hizo.

Ubicación taxonómica: A la derecha de cada ficha se indica la fami lia a la que pertenece la especie. También se mencionan subfamilia y tribu, cuando las mismas son importantes para la identificación.

Descripción del adulto: Se indica la medida promedio en mm de la envergadura (medida entre los ápices de las alas anteriores). Cuando se hace referencia al cuerpo, se entiende como parte superior la que queda sobre la línea de inserción de las alas en el tórax, y parte inferior a la que se encuentra por debajo de ella. Las **negritas**, pueden leerse de manera independiente del resto del texto, lo cual nos permite una identificación más rápida de la especie tratada. Para facilitar la lectura, las descripciones de ambos pares de alas, de ambas faces y sexos, están separadas por puntos (•).

Cuando una parte de la descripción se encuentra entre corchetes ([ ]), significa que su aparición no es constante en todos los individuos. Cuando no se realizan descripciones separadas de los machos y las hembras, se infiere que no existe dicromatismo o dimorfismo sexual significativos.

Conducta y hábitat: Se citan comportamiento y forma de vuelo cuando son de interés para la identificación. También se mencionan los ambientes donde es más probable observar a la especie tratada. En algunas especies se puntualizan áreas protegidas o áreas en donde se la puede hallar con mayor probabilidad.

Observaciones: Se menciona el origen de los nombres vulgares y en algunos casos se incluyen comentarios acerca de la ubicación taxonómica de la especie.

Fotografía: En muchos casos se colocan dentro de un cuadro azul los caracteres más importantes para diferenciar la especie en cuestión de otras que habitan la zona de estudio.

Abreviaturas de uso frecuente

FD: Faz dorsal, parte de las alas que queda a la vista cuando la mariposa las extiende en ángulo de 180°, y queda oculta cuando las pliega.

FV: Faz ventral, parte de las alas que queda oculta cuando la mariposa las extiende en ángulo de 180°, y queda visible cuando las pliega.

AA: Alas anteriores

AP: Alas posteriores

APA: Ambos pares de alas

CD: Célula discal.

Topografía de las alas / Topography of the wings

Márgenes / *Margins*

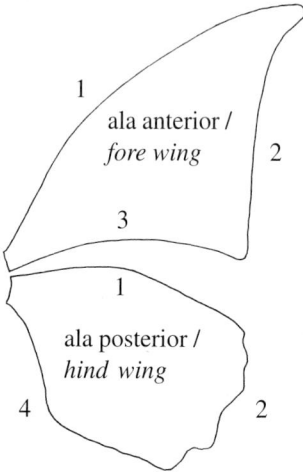

1 ala anterior /
fore wing

1 Costa / *Costa*
2 Margen externo /*Outer margin*
3 Margen posterior / *Posterior margin*
4 Margen anal / *Anal margin*

ala posterior /
hind wing

Áreas /*Areas*

5 Basal / *Basal*
6 Posbasal / *Postbasal*
7 Medial / *Median*
8 Posmedial / *Postmedian*
9 Apical / *Apical*
10 Submarginal / *Submarginal*
11Tornus / *Tornus*
12 Ángulo anal / *Anal angle*

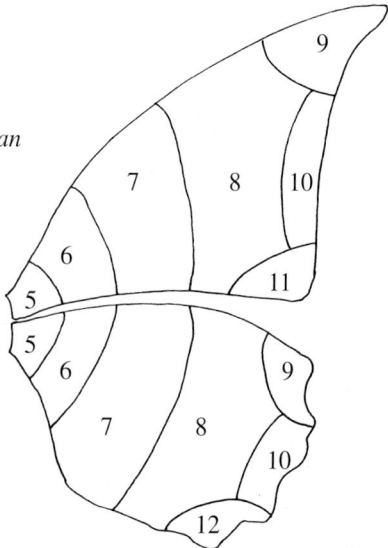

Observation in the field

With practice, it will be found easy to identify the different species, from the way of they rest, environments that they prefer, silhouette and their kind of flight. In many opportunities they can be of great help binoculars of a short focal distance. In the beginning or in the case of species difficult to recognise, the technique consists of capturing the insect with a net, built with a metallic ring with a handle that has a long tulle bag. When the butterfly has been caught, with much care, the area of the bag in which it is caught can be limited so that it does not move. The specimen can be examined in close detail, and once identified and details noted, can then be released into its natural habitat without damage.

How to use this guide

The descriptions that follow for identification of the different species of butterflies present in Buenos Aires province consist of the following parts:

Common name: Included to facilitate the task of those who are new in the topic of butterflies' recognition. The most important thing is to slowly become familiar with the scientific names in order to be able to exchange information with other observers in a proper way. Common names can lead to misunderstandings, since they are not standardized. Most of the names used in this guide indicate physical characteristics, habits or are even related to the scientific name.

Scientific name, author and year: An exhaustive check of numerous specimens, bibliographical research and consultations with renowned experts of several museums of the world were carried out, in order to reach the taxonomic classification actually considered as the most appropriate. The last name of the person who described the species for the first time and the publication year are also mentioned.

Taxonomic location: On the right of each entry, the family is indicated, also the subfamily and tribe when they are important for the identification.

Adult description: The measure of the wingspan (measured across the fore wings apexes) is indicated in millimetres. The superior part of the body corresponds to that above the wing insertion line in the thorax, and the inferior part to that below it. **Boldfaces** can be read independently from the rest of the text, to allow a quicker identification of the species under discussion. To facilitate the reading, descriptions of both pairs of wings, of both surfaces and sexes, are separated by dots (•).

When a part of the description is between brackets ([ ]), it means that its appearance is not constant in all the individuals. When separate descriptions are not given for males and females, it is because there is not significant sexual dichromatism or dimorphism.

Behavior and habitat: Behavior and kinds of flight are indicated when they are of interest in species identification. The habitat where it is more likely to observe the species is also mentioned. Some protected or unprotected areas, or places where the species can find with more probability are cited.

Note: The origin of common names is indicated, and in some cases comments are included about the taxonomic location of the species.

Photographs: On many of the photographs there are blue squares to emphasise the features that distinguish this specie from other similar species that are to be found in the same area.

Abbreviations of frequent use

DS: Dorsal surface, that surface of the wing that it is visible when the butterfly extends them at an angle of 180°, and is hidden when it folds them.

VS: Ventral surface, that surface of the wing that it is hidden when the butterfly extends them at an angle of 180°, and is visible when it folds them.

FW: Fore wings

HW: Hind wings

BPW: Both pairs of wings

DC: Dical cell.

(see page 42)

Métodos para el estudio de las mariposas

En la actualidad, se utilizan dos métodos de trabajo para realizar estudios sobre este grupo:

1) Observación en la naturaleza:

Consiste en examinar a estos seres y a su conducta a ojo desnudo o con la ayuda de binoculares de corta distancia focal. En ocasiones se realiza la captura incruenta de ejemplares, con la clásica red, se los describe e identifica, para luego reintegrarlos al medio del que fueran sustraídos sin haberle provocado daño alguno. Este método es el que impulso desde hace tiempo.

2) Colecta:

Los ejemplares se sacrifican en el momento de su captura. Esta práctica, puede realizarse con distintas orientaciones.

a) Colecta científica: Selecciona ejemplares de una especie presuntamente nueva para la ciencia, sobre los cuales se realizan estudios, se los describe, y luego se trabaja sobre la base de fotografías y esquemas. Por lo tanto, con una extracción mínima y selectiva se avanzan en el conocimiento de la biodiversidad.

b) Colecta lucrativa: Los especímenes sacrificados son canjeados o vendidos a otros coleccionistas.

c) Colecta pseudocientífica: Los que utilizan este método capturan y sacrifican mariposas de manera indiscriminada, en busca de una nueva especie para la ciencia, basando sus estudios sólo en caracteres como tamaño, color y diseño. Ellos desconocen que el trabajo debe ser muy meticuloso, analizando caracteres tanto externos como internos.

En otras ocasiones estos coleccionistas están amparados bajo el mote de "conservacionistas", colectan pocos individuos de cada especie que acumulan en sus domicilios para tenerlos como material "tipo" (de referencia) para capturas u observaciones que realizarán más adelante.

Tanto los colectores que lucran con las mariposas, como aquellos pseudocientíficos y pseudoconservacionistas, deberían ser sancionados. En Argentina desconocemos el estado y la dinámica de las poblaciones de Ropalóceros, por lo tanto somos incapaces de evaluar con certeza el impacto que pueden provocar las colectas sobre poblaciones tal vez ya deterioradas. Además, los ejemplares que tienen en sus hogares forman parte del patrimonio nacional, perteneciéndonos a todos y no sólo a ellos, por ende nos corresponde a todos su conservación.

Espero que algún día se promulguen leyes que regulen esta situación, y que cuando esto se realice ya no sea demasiado tarde.

Methods for study of butterflies

At the present time, two methods are used to carry out studies on this group:

1) Observation in the field:
This consists on examining this group and their behavior by sight or with the help of binoculars of a short focal length. On occasions, it is carried out by the harmless capture of the subject specimen with the classic net. This allows close observation to describe and identify the species, and allows, the subject to be released without harm. This method is the one that I have insisted upon for some time.

2) Collection:
The individuals are killed at the moment of their capture. This practice can be carried out for different reasons.

a) Scientific collection: *Collects specimens of presumably new species for scientific study, the person involved documents the capture, working with photographs* and drawings. In this way a minimum of damage and using selective capture, knowledge of the species is increased and our understanding of the biodiversity is enlarged.

*b) **Lucrative collection:*** *The specimens are killed on capture, and exchanged or sold to other collectors.*

*c) **Pseudo Scientific collection:*** *Those that use this method to capture and kill butterflies in an indiscriminate way in search of a new species for science, basing their uncontrolled studies on aspects such as size, colour, and design. They ignore that their work should be meticulous, with an analysis of details as much internal as external.*

This type of collector is at times found under the title of "protector", claiming that the few specimens he collects and keeps at home is to have them available as "type" specimens for future collecting.

Pseudoprotector collectors should be banned or fined. In Argentina we have ignored the status and dynamics of the populations of butterflies and moths, therefore we are unable to evaluate with certainty the impact that you or I can cause by collecting from populations already possibly decimated. Also the specimens that these collectors have in their homes are part of the nation's wealth, and they belong to us all and not only to those who hold them. For this reason it is the duty of all of us to seek conservation of both live and dead specimens.

I hope that one day, laws will be passed that regulate this lack of protection, and that when this happens that it will not be too late.

Saltarín Sangrante

Phocides polybius phanias (Burmeister, 1879)

Hesperiidae : Pyrginae

Adulto: 58 mm • AP con pequeño lóbulo anal • Cabeza anaranjada, cuerpo negro con brillo verdoso • **FD negra** con brillo azul verdoso, y orlas blancas • **AA con mancha costal posbasal roja** • **AP con orlas anaranjado ocráceas[1] en el ángulo anal** • FV similar.

Conducta y hábitat: Vuelo saltante. Frecuenta matorrales, jardines y paseos públicos con *eucaliptos* (*Eucalyptus* sp). La Plata.

Obs: Su nombre vulgar se debe a la notable mancha roja en las AA sobre un fondo oscuro.

Guava Skipper

Phocides polybius phanias (Burmeister, 1879)

Hesperiidae : Pyrginae

Adult: 58 mm • HW with small anal lobe • Orange head, black body with greenish brightness • **DS black**, greenish blue brightness and white fringes • **FW have postbasal red spot** • **HW have ochraceous orange fringes in the anal angle** • VS similar.

Behavior and habitat: Jumping flight. Frequent in scrubs, gardens and public pathways with *Eucalyptus* sp. La Plata.

Note: The Spanish common name *saltarín sangrante* (*saltarín*: skipper, *sangrante*: bleeding), refers to the kind of flight and the notable red spot over the black back- ground in FW.

---

[1] La descripción de los colores sigue las reglas de la Real Academia Española.

AA con mancha roja /
FW with red spot

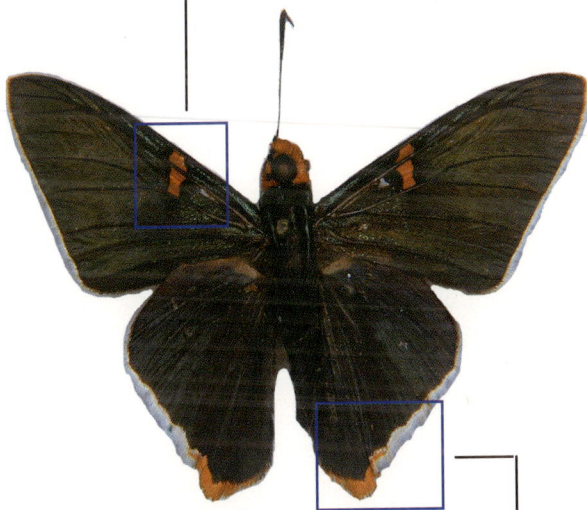

Faz dorsal / *Dorsal surface*

Ángulo anal anaranjado ocráceo y
orlas blancas /
*Anal angle ochraceus orange and
white fringes*

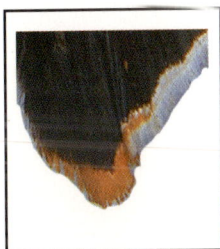

Saltarín Robusto
Epargyreus tmolis (Burmeister, 1875)

Hesperiidae : Pyrginae

Adulto: 40 - 50 mm • AP con pequeña cola • Cabeza y cuerpo pardos, con pelos ocráceos en la parte superior, palpos parduscos • **FD parda con base de APA ocre**, orlas pardo claras manchadas de pardo oscuro • AA con hilera medial de manchas, otra pequeña aislada y puntos costales posmediales, amarillento hialinos • **FV** similar, sin ocre en la base de APA • **AA con margen externo pardo grisáceo**, margen posterior pardo claro • AP con margen externo pardo grisáceo, excepto en el tornus. **Franja o mancha medial blanco plateada**, a veces reducida o ausente

Conducta y hábitat: Vuelo zumbante. Jardines, matorrales y claros de bosques y selvas iluminados. Especie muy común. Reserva Natural Punta Lara.

Obs: el apelativo Robusto se debe a la contextura del cuerpo en relación con las alas.

Robust Skipper*
Epargyreus tmolis (Burmeister, 1875)

Hesperiidae : Pyrginae

Adult: 40 -50 mm • HW with small tail • Brown head and body, ochraceous hairs in the upper part, brownish labial palpi • **DS brown, ochre at the base of BPW**, light brown fringes spotted with dark brown • FW have median hyaline yellow band, another isolated one and small postmedian costal dots • **VS** similar, but not ochre at the base of BPW • **FW have grayish brown outer margin**, light brown posterior margin • HW have grayish brown outer margin excluding the tornus. **Median silver white band or spot**, sometimes narrow or even absent.

Behavior and habitat: Buzzing flight. Very frequent in gardens, scrubs, open woods and forests. Punta Lara Natural Reserve.

(*) Literal translation from Spanish common name *saltarín robusto* (*saltarín*: skipper, *robusto*: robust), refers to the body´s size in relation with that of the wings.

Faz dorsal / *Dorsal surface*

Faz ventral / *Ventral surface*

Coludo Verdoso
Urbanus proteus (Linnaeus, 1758)

Hesperiidae : Pyrginae

Adulto: 40 - 52 mm • Cola 15 mm • Cabeza y cuerpo pardos, con brillo verdoso en la parte superior, palpos blancuzcos • **FD parda**, orlas pardo claras manchadas de pardo. **APA con base verdosa** • AA con hilera oblicua de manchas posmedial y puntos costales posmediales hialinos • **FV de** AA con similar diseño, y una franja submarginal pardo oscura • **AP con franjas longitudinales posmedial, posbasal y mancha costal pardo oscuras**

Conducta y hábitat: Vuelo saltante. Posa en matorrales, estrato herbáceo y suelo desnudo. Presente en el nordeste de la provincia.

Obs: Su nombre vulgar se debe a las escamas verde azuladas que cubren la base de APA y el cuerpo.

Long-tailed Skipper
Urbanus proteus (Linnaeus, 1758)

Hesperiidae : Pyrginae

Adult: 40 - 52 mm • Tail 15 mm • Brown head and body, greenish brightness in the upper part, whitish labial palpi • **DS brown**, light brown fringes spotted with brown. **BPW have greenish base** • FW have postmedian diagonal hyaline yellow band and postmedian costal dots • VS of FW have similar pattern with submarginal dark brown band • **HW have postmedian and postbasal dark brown bands and costal spots.**

Behavior and habitat: Jumping flight. Rests in scrubs, herbaceous vegetation and uncovered soils. Frequent in NE of Buenos Aires province.

Note: The Spanish common name *coludo verdoso* (*coludo*: tailed, *verdoso*: greenish) comes from the bluish green scales that cover the base of BPW and body.

Faz dorsal / *Dorsal surface*

Faz Ventral / *Ventral surface*

Coludo Manchas Doradas
Urbanus dorantes (Stoll, 1790)

Hesperiidae : Pyrginae

Adulto: 43 mm • Cola 11 mm • Cabeza y cuerpo pardos, palpos amarillentos • **FD parda**, orlas pardo claras manchadas de pardo
• **AA con hilera oblicua de cuatro manchas mediales,** una
o dos posmediales, **y puntos costales posmediales, hialino
amarillentos** • **FV** de AA con similar diseño, con manchas
grisáceas subapicales • **AP con franjas longitudinales medial, posmedial y** submarginal, y manchas cuadradas costal
y posbasal **pardo oscuras.**

Conducta y hábitat: Vuelo saltante. Frecuenta matorrales.

Lilac-banded Longtail
Urbanus dorantes (Stoll, 1790)

Hesperiidae : Pyrginae

Adult: 43 mm • Tail 11 mm • Brown head and body, yellowish labial
palpi • **DS brown,** light brown fringes spotted with brown •
**FW have a diagonal hyaline yellow row of four median
spots,** one or two postmedian, **and postmedian costal dots** •
VS have similar pattern with grayish patches near the apex •
**HW have longitudinal bands (median, postmedian, sub-
marginal) and dark brown costal and postbasal square
patches.**

Behavior and habitat: Jumping flight. Frequent in scrubs.

Note: The Spanish common name *coludo manchas doradas* (*coludo*: tailed, *manchas*: spots, *doradas*: golden) comes from spots
of FW.

Faz dorsal / *Dorsal surface*

Faz ventral / *Ventral surface*

Coludo Golondrina

Urbanus procne (Plötz, 1881)

Hesperiidae : Pyrginae

Adulto: 46 mm • **Macho**: FD parda • **FV de** AA parda • **AP con dos franjas longitudinales y dos manchas cerca de la costa, pardo oscuras** • **Hembra**: similar, [**AA con dos líneas hialinas**, la **medial de trazo irregular**].

Conducta y hábitat: Vuelo saltante. Muchas veces confundido con el Coludo Simple (*Urbanus simplicius*, Stoll). De presencia no muy común en el nordeste de la provincia.

Obs: El apelativo golondrina deriva del vocablo griego *Procne*. Según la mitología griega, Procne, hija de Pandión, fue convertida en golondrina.

Brown Longtail

Urbanus procne (Plötz, 1881)

Hesperiidae : Pyrginae

Adult: 46 mm • **Male**: DS brown • **VS** of FW brown • **HW have two longitudinal dark brown bands and two spots near the costa** • **Female**: similar [**FW have** two **hyaline lines,** the **median** one **irregular**].

Behavior and habitat: Jumping flight. The species is often confused with *Urbanus simplicius* Stoll. Barely represented in NE of Buenos Aires Province.

Note: The specific epithet derives from the Greek *Procne*. In greek mythology Procne, Pandion´s daughter, was converted into a swallow. Both the specific epithet and the Spanish common name *coludo golondrina* (*coludo*: tailed, *golondrina*: swallow) refer to the tail´s shape of this butterflies, resembling a swallowtail.

Faz dorsal / *Dorsal surface*

Faz ventral / *Ventral surface*

Saltarín Franja Blanca

Autochton zarex (Hübner, 1818)

Hesperiidae : Pyrginae

Adulto: 35 mm • Cabeza y cuerpo pardo oscuros, palpos parduscos • **FD** pardo oscura • **AA con** [tres puntos costales subapicales] y **franja oblicua** desde el centro de la costa casi hasta el tornus, **hialina**s • **AP con ápice y parte del margen externo blancos** • FV similar, pero más clara y con dos franjas pardo oscuras en las AP.

Conducta y hábitat: Vuelo saltante. Se encuentra en matorrales de la isla Martín García. Especie escasa en el área.

Obs: Su nombre vulgar se debe al diseño notable de sus AA.

White-banded Skipper*

Autochton zarex (Hübner, 1818)

Hesperiidae : Pyrginae

Adult: 35 mm • Dark brown head and body, brownish labial palpi • **DS** dark brown • **FW have** [three subapical costal dots] and a **diagonal hyaline band** extended from the centre of the costa to almost the tornus • **HW have white apex and portion of the outer margin** • VS lighter than DS with two dark brown bands on HW.

Behavior and habitat: Jumping flight. The species is uncommon in the area, usually found in scrubs of Martín García Island.

(*) Literal translation from the Spanish common name *saltarín franja blanca* (*saltarín*: skipper, *franja*: band, *blanco*: white) which refers to the kind of flight and notable pattern on FW.

Franja hialina oblicua /
Diagonal hyaline band

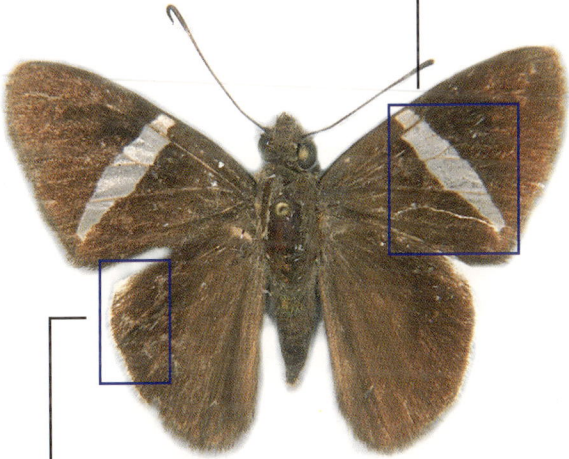

Faz dorsal / *Dorsal surface*

Ápice y parte del margen externo
blancos / *Apex and portion of
outer margin white*

Dormilona Zigzag
Sarmientoia haywardi Mielke, 1967

Hesperiidae : Pyrginae

Adulto: 52 - 62 mm, AP con pequeño lóbulo anal • **FD pardo ocrácea** • AA con hileras medial y subapical de manchas hialinas, entre ellas una mancha aislada • **AP con** mancha en el ápice de la CD e **hilera posmedial de manchas en forma de "V" pardo oscuras** • FV de las AA similar • AP con mancha basal y medial blancas anilladas de pardo.

Conducta y hábitat: De hábitos vespertinos y crepusculares. **Durante el día descansa en huecos de troncos**. Especie poco observada debido a sus hábitos.

Obs: *Dormilona* deriva de su costumbre de reposar durante las horas del día. Mientras que el apelativo *zigzag* se debe a la hilera posmedial de manchas en las AP.

Zigzag Sleepyhead*
Sarmientoia haywardi Mielke, 1967

Hesperiidae : Pyrginae

Adult: 52 - 62 mm, HW with small anal lobe • **DS ochraceous brown** • FW have median and subapical rows of hyaline spots with an isolated spot between them • **HW have** a dark brown spot in the apex of DC and **a postmedian row of dark brown spots, "V" pattern** • VS of FW, similar • HW have basal and median white spots, brown ringed.

Behavior and habitat: Vespertine and dusk habit. **Resting during the day in the holes of tree trunks**. The species is not often seen because of this behavior.

(*) Literal translation from the Spanish common name *dormilona zigzag* (*dormilón/a*: sleepy head) which refers to the habit of resting during the day. "Zigzag"alludes to the particular "V"pattern on FW.

Faz dorsal / *Dorsal surface*

Faz ventral / *Ventral surface*

Saltarín Franja Amarilla
Oechydrus chersis (Herrich - Schäffer, 1869)

Hesperiidae : Pyrgynae

Adulto: 36 mm • **AA con ápice truncado** y margen externo cóncavo. **AP con lóbulo anal** • Cabeza y cuerpo pardos, palpos blancuzcos • FD parda, orlas parduscas • **AA con franja oblicua medial y puntos costales subapicales hialino amarillentos** • FV pardo clara • AA con similar diseño hialino amarillento. Franja medial bordeada de manchas esfumadas pardo oscuras, margen externo pardusco. ápice pardo rojizo • AP con margen externo pardusco, base pardo rojiza. Ancha franja medial pardo rojiza clara y mancha costal grisácea.

Conducta y hábitat: Vuelo saltante. Frecuenta matorrales de las islas del Delta. Especie escasa.

Yellow-banded Skipper*
Oechydrus chersis (Herrich - Schäffer, 1869)

Hesperiidae : Pyrgynae

Adult: 36 mm • **FW have truncated apex** and concave outer margin. **HW with anal lobe** • Brown head and body, whitish labial palpi • DS brown, brownish fringe • **FW have yellowish hyaline diagonal median band and subapical costal dots** • VS light brown • FW have similar yellowish hyaline pattern. Median band with sfumatted dark brown spots, brownish outer margin, reddish brown apex • HW have brownish outer margin, reddish brown base. Wide median reddish brown band and a grayish costal spot.

Behavior and habitat: Jumping flight. The species is uncommon in the area, usually found in scrubs of Martín García Island.

(*) Literal translation from the Spanish common name *saltarín franja amarilla* (*saltarín*: skipper, *franja*: band, *amarillo*: yellow) which refers to the kind of flight and the yellow band on FW.

Franja oblicua hialino amarillenta /
Yellowish hyaline diagonal band

Faz dorsal / *Dorsal surface*

Faz ventral / *Ventral surface*

Macario

Nisoniades macarius (Herrich - Schäffer, 1870)

Hesperidae : Pyrginae

Adulto: 35 mm • Cabeza y cuerpo pardo grisáceos • **AP con margen externo irregular** • FD parda con franjas posbasal, medial, posmedial y marginal pardo oscuras • AA con tres puntos costales subapicales hialinos • **FV pardo clara con franjas posbasal, medial, posmedial y submarginal pardo oscuras** • AA con tres puntos costales subapicales hialinos.

Conducta y hábitat: Vuelo saltante. Prefiere áreas con matorrales. Especie escasa en la provincia.

Obs: Su nombre deriva del científico *macarius*, que se otorgó en honor a San Macario (300 - 390)

Macario*

Nisoniades macarius (Herrich - Schäffer, 1870)

Hesperiidae : Pyrginae

Adult: 35 mm • Grayish brown head and body • DS have postbasal, medial, postmedial and submarginal dark brown bands • FW have three subapical hyaline dots • **VS light brown with post basal, median, postmedian and submarginal dark brown bands** • FW with three subapical hyaline costal dots.

Behavior and habitat: Jumping flight. Scrublands. Uncommon species.

(*) Spanish local name which derives from the scientific Latin name *macario*, which was given in honour of Saint Macario (300 - 390).

Faz dorsal / *Dorsal surface*

Faz ventral / *Ventral surface*

Saltarín de Hayward
Nisoniades haywardi (Williams et Bell, 1939)

Hesperiidae : Pyrginae

Adulto: 30 mm • AP algo festoneadas en el ángulo anal • Cabeza y cuerpo pardos en la parte superior, pardo grisáceos en la inferior • FD parda con manchas en las orlas y franjas irregulares inconspicuas basal, posbasal, mediana y submarginal pardo oscuras • **AA con tres puntos costales subapicales hialinos • FV pardo clara**

Conducta y hábitat: Vuelo saltante. Matorrales y pastizales. Especie escasa.

Obs: el nombre vulgar fue asignado en honor al infatigable Dr. Kenneth Hayward (1891 - 1972), quien realizó importantes investigaciones sobre ropalóceros de Argentina y otros países de Sudamérica.

Hayward´s Skipper*
Nisoniades haywardi (Williams et Bell, 1939)

Hesperiidae : Pyrginae

Adult. 30 mm • HW with scalloped anal angle • Brown head and body in above, grayish brown below • DS brown with spotted fringes and small irregular basal, postbasal, median and submarginal inconspicuous dark brown stripes • **FW have three subapical hyaline costal dots • VS light brown**.

Behavior and habitat: Jumping flight. Scrublands and grasslands. Uncommon species.

Note: Both the specific epithet and the Spanish common name were given in honour of untiring Dr. Kenneth Hayward (1891-1972) who studied Argentine and South American butterflies.

(*) Literal translation from the Spanish common name *saltarín de Hayward* (*saltarín*: skipper).

Faz dorsal /*Dorsal surface*

Faz ventral / *Ventral surface*

Saltarincito Común
Viola minor (Hayward, 1933)

Hesperiidae : Pyrginae

Adulto: **23 - 26 mm** • Cabeza y cuerpo pardo oscuros • **FD parda** • **AA con franjas posbasal y posmedial e hilera de manchas submarginales gris liláceas**, inconspicuas, entre ellas las nervaduras son negruzcas • FV parda con diseño inconspicuo y márgenes más claros, en especial en posterior de las AA.

Conducta y hábitat: Vuelo saltante. Frecuenta matorrales. Especie común en varios sitios de la provincia.

Obs: el nombre *saltarincito*, se debe a su reducido tamaño. El apelativo *común* se debe a su frecuente presencia en los matorrales de distintos sitios de la provincia.

Common Small-skipper
Viola minor (Hayward, 1933)

Hesperiidae : Pyrginae

Adult: **23 - 26 mm** • Dark brown head and body • **DS brown** • **FW have grayish lilac postbasal and postmedian bands and submarginal row of spots**, inconspicuous, blackish between the veins • VS brown with not very obvious pattern and lighter margins, principally on FW.

Behavior and habitat: Jumping flight. Frecuent in scrublands of Buenos Aires province.

(*) Literal translation from the Spanish common name *saltarincito común* (*saltarincito*: small skipper, *común*: common) wich refers to the kind of flight, the small size of the butterfly and the frequent presence of the species in many parts of Buenos Aires province.

Faz dorsal / *Dorsal surface*

Faz ventral / *Ventral surface*

Faz ventral / *Ventral surface*

Areta
Antigonus liborius areta Evans, 1953

Hesperiidae : Pyrginae

Adulto: 30 mm • **Tercio distal del margen externo** y margen posterior **de las AA cóncavos** • Margen externo de AP muy festoneado • **Macho**: FD pardo oscura franjas negras • **AA con un punto blanco en el centro de la costa**, y otros dos costales posmediales • FV castaño algo rojiza, con ángulo anal de AP grisáceo • **Hembra**: FD parda, con franja medial y marginal negruzca en APA • **AA con punto costal**, y manchas mediales dispersas, blancas.

Conducta y hábitat: Vuelo saltante. Prefiere el estrato herbáceo poco iluminado de selvas. Isla Martín García.

Obs: Su nombre vulgar deriva del científico. Areta fue la hija del filósofo griego Arístipo de Cirene.

Areta*
Antigonus liborius areta Evans, 1953

Hesperiidae : Pyrginae

Adult: 30 mm • **FW have concave distal third of outer margin** and posterior margin • Outer margin of HW deeply scalloped • **Male**: DS dark brown, black bands • **FW have a white dot in the costa´s centre**, and other two postmedian costal dots • VS reddish brown, with grayish anal angle in HW • **Female**: DS brown with blackish median and marginal bands on BPW • **FW have costal dot** and dispersed white median patches.

Behavior and habitat: Jumping flight. Prefers shaded grassy stratum in woods. Martín García Island.

(*) Spanish local name which derives from the scientific Latin name. *Areta* was the daughter of the Greek philosopher Arístipo de Cirene.

Punto en el centro de la costa / *Dot in the costa's centre*

Faz dorsal / *Dorsal surface*

Faz ventral / *Ventral surface*

Saltarín Boca Blanca
Staphilus aurocapilla (Stuadinger, 1876)

Hesperiidae : Pyrginae

Adulto: 23 - 27 mm • Cabeza y cuerpo pardos, **palpos blanco ama-rillentos** • FD parda, con franjas inconspicuas pardo oscuras • AA con dos puntos costales posmediales hialinos • **FV** similar, más clara, y **de color de fondo uniforme**.

Conducta y hábitat: Vuelo saltante. Frecuenta matorrales y pastizales.

Obs: Su nombre vulgar se debe al color de los palpos labiales, de importancia para su identificación.

White Mouth Skipper*
Staphilus aurocapilla (Stuadinger, 1876)

Hesperiidae : Pyrginae

Adult: 23 - 27 mm • Brown head and body, **yellowish white labial palpi** • DS brown, with inconspicuous dark brown bands • FW have two postmedian hyaline costal dots • **VS** similar, lighter, **uniformly back-coloured**.

Behavior and habitat: Jumping flight. Frequent in scrubs and grasslands.

(*) Literal translation from Spanish common name *saltarín boca blanca* (*saltarín*: skipper, *boca*: mouth, *blanco*: white), refers to the kind of flight and the labial palpi´s colour, of high importance in species identification.

Faz dorsal / *Dorsal surface*

Faz ventral / *Ventral surface*

Ala Cortada
Anisochoria sublimbata Mabille, 1883

Hesperiidae : Pyrginae

Adulto: 38 mm • **AA con ápice truncado y cóncavo** • **FD** parda, con líneas submarginal y posmedial pardas, inconspicuas • **AA con hilera recta de puntos costales posmediales hialinos** • **FV** similar, pero más clara • AA con zona apical y margen posterior pardo amarillento • **AP grisáceas con manchas pequeñas y dispersas en distintos tonos de pardo**.

Conducta y hábitat: Vuelo saltante. Frecuenta matorrales y claros de bosques. Reserva Natural Estricta Otamendi y Reserva Natural Punta Lara.

Obs: Su nombre vulgar se debe al característico ápice de sus AA.

Cut Wing*
Anisochoria sublimbata Mabille, 1883

Hesperiidae : Pyrginae

Adult: 38 mm • **FW have truncate and cóncave apex, HW scalloped** • **DS** brown, with incospicuous brown sumarginal and postmedian lines • **FW have straight row of hyaline postmedian costal dots** • **VS** similar, lighter • FW have yellowish brown apical area and posterior margin • **HW grayish, having dispersed small spots of different tones of brown**.

Behavior and habitat: Jumping flight. Frequent in scrubs and open spaces in woods. Otamendi Natural Reserve and Punta Lara Natural Reserve.

(*) Literal translation from Spanish common name *ala cortada* (*ala*: wing, *cortada*: cut), refers to the obliquely truncate apex of FW.

Faz dorsal / *Dorsal surface*

Faz ventral / *Ventral surface*

Saltarín Gancho
Achlyodes thraso (Jung, 1792)

Hesperiidae : Pyrginae

Adulto: 40 - 46 mm • **AA falcadas** • Cabeza y cuerpo pardo oscuros • Diseño variable • **Macho**: FD negra, brillante. Hilera de manchas submarginales y otras dispersas gris parduscas, a veces incosnpicuas • **AA con una mancha costal gris**. [Mancha pequeña, amarilla en la escotadura del ápice]. • FV pardo oscura • **Hembra**: FD parda, **AA con una mancha gris subapical sobre la costa**. [Mancha pequeña, amarilla en la escotadura del ápice] • FV parda • AA con mancha o franja subapical grisácea.

Conducta y hábitat: Vuelo saltante. Frecuenta matorrales en claros de bosques. En Ramallo es escasa, en la isla Martín García es común.

Obs: Su nombre vulgar fue otorgado por la forma del ápice de sus alas anteriores.

Sickle-winged Skipper
Achlyodes thraso (Jung, 1792)

Hesperiidae : Pyrginae

Adult: 40 - 43 mm • **FW falcate** • Dark brown head and body • Variable pattern • **Male**: DS bright black. Row of submarginal brownish gray spots and many times inconspicuous dispersed spots • **FW have a costal gray spot**. [Small yellow spot in the mortise of apex] • VS dark brown • Female: DS brown, **FW have subapical gray spot on the costa**. [Small yellow spot in the mortise of apex] • VS brown • FW have subapical grayish spot or band.

Behavior and habitat: Jumping flight. Frequent in scrubs of Martín García Island, in open spaces of woods. Uncommon in Ramallo.

Note: The Spanish common name *saltarín gancho* (*saltarín:* skipper, *gancho:* hook) refers to the shape of the fore wings apex.

Macho FD / *Male DS*

Hembra FD / *Female DS*

Saltarín Ventosa
Theagenes dichrous (Mabille, 1878)

Hesperiidae : Pyrginae

Adulto: 35 - 40 mm • AA algo falcadas • Cabeza y cuerpo pardo grisáceos, ojos pardo rojizos, palpos grisáceos • **FD** pardo grisácea • AA con franjas posbasal, medial, posmedial y submarginal pardo oscuras, inconspicuas • **AP pardo claras con** nervaduras, base y **franjas** submarginal y marginal **pardo oscuras** • **FV** parda con base de APA pardo oscura • **AA con franja oblicua posmedial pardo oscura** • **AP con amplio margen anal grisáceo.**

Conducta y hábitat: **Posa con el ápice de las AA doblado hacia abajo.** Vuelo saltante. Prefiere los matorrales ribereños. Especie común.

Obs: Su nombre vulgar se debe al vuelo rápido y directo, posando con precisión, inmediatamente inclina el ápice de las AA hacia abajo, como si se adhiriera a la percha.

Suction Cup Skipper*
Theagenes dichrous (Mabille, 1878)

Hesperiidae : Pyrginae

Adult: 35 - 40 mm • FW almost sickle shaped • Grayish brown head and body, reddish brown eyes, grayish labial palpi • **DS** grayish brown • FW have inconspicuous dark brown postbasal, median, postmedian and submarginal bands • **HW light brown,** having **dark brown** veins and **bands** (submarginal and marginal) • **VS** brown, with dark brown base of BPW • **FW have diagonal postmedian dark brown band** • **HW have wide grayish anal margin.**

Behavior and habitat: **Rest with the apex of FW curved down.** Jumping flight. Common species, preferably in coastal scrubs.
(*) Literal translation from Spanish local name *saltarín ventosa* (*saltarín*: skipper, *ventosa*: suction cup), refers to the species fast and direct flight with precision landing. Immediately after landing this butterfly pushes down the apex of FW so that they appear to be stuck to the perch.

Faz dorsal / *Dorsal surface*

Faz ventral / *Ventral surface*

Parche Blanco

Chiomara asychis autander (Mabille, 1891)

Hesperiidae : Pyrginae

Adulto: 26 - 38 mm • Cabeza y cuerpo negruzcos en la parte superior, blancuzcos en la inferior • **Macho**: **FD parda con manchas grises y pardo oscuras dispersas y franja medial blancuzca en APA** • AA con puntos costales posmediales hialinos • AP con franja submarginal parda • FV blancuzca con manchas pardas • **Hembra**: con similar diseño, pero más parda

Conducta y hábitat: **Posa con el ápice de las AA doblado hacia abajo**. Vuelo saltante. Frecuenta matorrales, claros de selvas y bosques, pastizales e inmediaciones de cursos de agua. Especie común en Buenos Aires.

Obs: Su nombre vulgar se debe al diseño de sus alas, como si tuviera un parche blanco en sus alas posteriores.

White Patch

Chiomara asychis autander (Mabille, 1891)

Hesperiidae : Pyrginae

Adult: 26 - 38 mm • Head and body black above, whitish below • **Male**: **DS brown, with dispersed gray and dark brown spots and median whitish band on BPW** • FW have postmedian hyaline costal dots • HW have brown submarginal band • VS whitish with brown spots • **Female**: similar pattern, but more brown.

Behavior and habitat: **Rest with FW apex curved down**. Jumping flight. Common species in Buenos Aires, preferably in scrubs, open woods and forests, grasslands and water streams.

Note: The common name refers to the wings patchy-like pattern.

Hembra FD / *Female DS*

Coloración críptica /
Cryptic coloration

Saltarín Fúnebre
Erynnis funeralis (Scudder et Burgess, 1870)

Hesperiidae : Pyrginae

Adulto: 40 - 46 mm • Cabeza y cuerpo pardo oscuros • Diseño variable • **FD** negruzca • **AA con punto medial aislado** y otros
costales, **blancos** • **Margen externo de AP blanco**. [Hilera
de puntos submarginales y mediales, pardo grisáceos, incons-
picuos] • FV similar, pero más clara • APA con hilera de puntos submarginales parduscos a blancos].

Conducta y hábitat: Vuelo saltante. Prefiere los pastizales, posa sobre suelo desnudo e inmediaciones de cursos de agua. También en matorrales.

Obs: Su nombre vulgar fue otorgado debido a su coloración y nombre científico. Esta especie es considerada por algunos entomólogos como subespecie de *Erynnis zarucco*.

Funereal Duskywing
Erynnis funeralis (Scudder et Burgess, 1870)

Hesperiidae : Pyrginae

Adult: 40 - 46 mm • Dark brown head and body • Variable pattern •
DS blackish • **FW have an isolated median white dot** and
many other costal white dots • **HW have white outer margin**.
[Row of inconspicuous grayish brown submarginal and
median dots] • VS similar, but lighter • Row of brownish-
white submarginal dots on BPW].

Behavior and habitat: Jumping flight. Prefers grasslands and scrubs.
Rests on open soil and close to streams.

Note: The common name refers to the dark coloration and specific
epithet *funeralis*. This species is considered by many
researchers as a subspecies of *Erynnis zarucco*.

Faz dorsal / *Dorsal surface*

Faz Ventral / *Ventral surface*

Cuadriculada Común

Pyrgus communis orcynoides (Giacomelli, 1928)

Hesperiidae : Pyrginae

Adulto: 20 - 28 mm • **FD pardo oscura con una hilera de manchas submarginal y franja medial blancas**. Orlas blancas manchadas de pardo oscuro • AA con manchas dispersas y línea paralela a la costa blancas • AP con lunar posbasal blanco • **FV de** AA con similar diseño • **AP blancuzcas con franjas transversales posbasal y posmedial parduscas**. Lúnulas submarginales pardas.

Conducta y hábitat: Vuelo saltante. Prefiere matorrales con flores. Especie común en el nordeste de Buenos Aires, escasa en el centro y sur. San Isidro, San Antonio de Areco, isla Martín García, Reserva Natural Punta Lara.

Obs: El término *cuadriculada* se debe a su diseño particular, similar a un tablero de ajedrez (manchas blancas sobre un fondo oscuro). Mientras que *común* deriva de su nombre científico.

Common Checkered Skipper*

Pyrgus communis orcynoides (Giacomelli, 1928)

Hesperiidae : Pyrginae

Adulto: 20 - 28 mm • **DS brown having a row of submarginal white spots and median white band**. White fringes spotted with dark brown • FW have white dispersed spots and a line parallel to the costa • HW have a white postbasal beauty spot • **VS of** FW have similar pattern • **HW whitish with transversal postbasal and postmedian brownish bands**. Submarginal brown lunules.

Behavior and habitat: Jumping flight. Prefers flowery scrubs. Common species in NE of Buenos Aires province, uncommon in Centre and South. San Isidro, San Antonio de Areco, Martín García Island, Natural Reserva Punta Lara.

Note: *Checkered* refers to the peculiar wings pattern similar to a checkerboard (white spots over the dark ground-colour of the wings). *Common* derives from the scientific name.

Faz dorsal / *Dorsal surface*

Una hilera submargi-
nal de manchas
blancas / *row of
submarginal white
spots*

Faz ventral / *Ventral surface*

Cuadriculada Americana
Pyrgus americanus bellatrix (Plötz, 1884)

Hesperiidae : Pyrginae

Adulto: 26 - 32 mm • **Macho**: **FD pardo oscura, con dos hileras de manchas submarginales blancas**. Base de APA gris platea-das. Orlas blancas manchadas de pardo oscuro • AA con man-chas dispersas blancas • **AP con franja medial blanca que llega a la costa. Lunar blanco posbasal • FV blancuzca** • AA con manchas dispersas pardas y parduscas • **AP con fran-jas transversales posbasal y marginal parduscas**. Lúnulas submarginales parduscas • **Hembra**: con similar diseño, FD más oscura, sin gris en la base de APA.

Conducta y hábitat: Vuelo saltante. Prefiere matorrales con flores y pastizales, incluso los serranos. Especie muy común
Obs: El término *Cuadriculada* se debe a su diseño particular, similar a un tablero de ajedrez (manchas blancas sobre un fondo os-curo). Mientras que *Americana* deriva de su nombre científi-co.

American Checkered Skipper*
Pyrgus americanus bellatrix (Plötz, 1884)

Hesperiidae : Pyrginae

Adult: 26 - 32 mm • **Male**: **DS dark brown, having two rows of submarginal white spots**. Base of BPW silver gray. White fringes spotted with dark brown • FW have dispersed white spots • **HW have median white band that reaches the cos-ta. Postbasal white beauty spot • VS whitish** • FW have dispersed brownish-brown spots • **HW have transversal postbasal and marginal brownish bands**. Brownish submar-ginal lunules • **Female**: similar pattern, but darker, DS lacking of gray at the base of BPW.

Behavior and habitat: Jumping flight. Very common species, prefers flowery scrubs and grasslands, even in high grasslands.
(*) Literal translation from Spanish common name. *Checkered* refers to the peculiar wings pattern similar to a checkerboard (white spots over the dark ground-colour of the wings). *American* derives from the scientific name.

Hembra FD / *Female DS*

Faz ventral /
Ventral surface

Cuadriculada de Plutón

Pyrgus oileus orcus (Stoll, 1780)

Hesperiidae : Pyrginae

Adulto: 26 - 32 mm • **Macho**: **FD pardo oscura, con dos hileras de manchas submarginales blancas**. Base de APA gris plateadas. **Orlas blancas manchadas de pardo oscuro • AA con manchas dispersas y línea paralela a la costa blancas • AP con franja medial blanca que no llega a la costa • FV blancuzca** con manchas parduscas • **AP con franjas transversales posbasal y posmedial grisáceas con manchas cuadradas pardas, bordeadas por líneas pardo oscuras.** Lúnulas submarginales parduscas • **Hembra**: con similar diseño. FD más oscura, sin gris en la base de APA.

Conducta y hábitat: Vuelo saltante. Prefiere matorrales con flores.
Obs: El término *cuadriculada* se debe a la disposición de sus manchas blancas sobre un fondo oscuro. Mientras que *Orcus* es el nombre con en que los antiguos romanos conocían a Plutón, rey de los infiernos, de allí su nombre vulgar.

Tropical Checkered Skipper

Pyrgus oileus orcus (Stoll, 1780)

Hesperiidae : Pyrginae

Adult: 26 - 32 mm • **Male**: **DS dark brown having two submarginal rows of white spots**. BPW have silver gray base. White fringes spotted with dark brown • FW have white dispersed spots and line parallel to the costa • **HW have a median white band not reaching the costa • VS whitish** with brownish spots • **HW have transversal postbasal and postmedian grayish bands, brown square spots dark brown edged line.** Submarginal brownish lunules • **Female**: similar pattern, but darker on DS, lacking of gray at the base of BPW.

Behavior and habitat: Jumping flight. Prefers flowery scrubs.
Note: *Checkered* refers to the peculiar pattern of wings similar to a checkerboard (white spots over a dark ground-colour). The Spanish local name *cuadriculada de Plutón* (*cuadriculado/a*: checkered, *Plutón*: Pluton) alludes to the wings pattern and the specific epithet *Orcus*, antique Roman name of Pluton, king of hell.

Macho FD / *Male DS*

Hembra FD / *Female DS*

Faz ventral /
Ventral surface

Blanco con Charreteras
Heliopetes omrina (Butler, 1870)

Hesperiidae : Pyrginae

Adulto: 28 - 37 mm • Diseño negruzco de extensión variable (formas clara y oscura) • **FD** blanca, con base de APA negruzca • **AA con mancha costal posmedial negruzca** • **FV** similar, pero más clara • **AP parda en la base.**

Conducta y hábitat: Vuelo saltante. Frecuenta matorrales, en particular aquellos cercanos o con enredaderas del género *Ipomoea* (*campanillas*, *suspiros*, *dama de noche*, etc). Especie muy común en gran parte de la provincia.

Obs: El término *blanco* alude a la coloración predominante en sus alas y *con charreteras*, se refiere a la mancha oscura que se halla cercana al margen costal de las AA.

White with Epaulettes*
Heliopetes omrina (Butler, 1870)

Hesperiidae : Pyrginae

Adult: 28 - 37 mm • Blackish pattern of variable length (light and dark forms) • **DS** white, blackish at the base of BPW • **FW have postmedian blackish costal spot** • **VS** similar but lighter • **HW brown at the base**.

Behavior and habitat: Jumping flight. Frequent in scrubs principally close to climbing plants of the genus *Ipomoea*. Very common species in Buenos Aires province.

(*): Literal translation from Spanish common name *blanco con charreteras* (*blanco*: white, *charreteras*: epaulettes) refers to the dark spot near the costal margin of FW.

Fase clara FD /
Light form DS

Fase oscura FD
Dark form DS

Faz Ventral /
Ventral surface

Faz Ventral /
Ventral surface

Saltarín de Cera

Corticea immocerina (Hayward, 1934)

Hesperiidae : Hesperiinae

Adulto: 20 - 22 mm • Cabeza y cuerpo pardos en la parte superior, pardo amarillentos en la inferior • **Macho**: **FD pardo anaranjada con** nervaduras y **márgenes pardos**. Línea submarginal pardo oscura • **FV pardo amarillenta con margen posterior de AA pardo oscuro** • **Hembra**: **FD parda** con orlas pardo anaranjadas • **AA con mancha medial pardo anaranjada** • AP con centro pardo anaranjado y con nervaduras pardas.

Conducta y hábitat: Vuelo saltante. Frecuenta pastizales.

Obs: El término latino *immocerina* significa del color de la cera, de allí su nombre vulgar.

Wax Skipper*

Corticea immocerina (Hayward, 1934)

Hesperiidae : Hesperiinae

Adult: 20 - 22 mm • Head and body brown above, yellowish below • **Male**: **DS orange brown with brown margins** and veins. Submarginal dark brown line • **VS yellowish brown with dark brown posterior margin of FW** • **Female**: **DS brown** with orange brown fringes • **FW have a median orange brown spot** • HW have orange brown centre and brown veins.

Behavior and habitat: Jumping flight. Frequent in grasslands.

(*) Literal translation from Spanish common name *saltarín de cera* (*saltarín*: skipper, *cera*: wax) which alludes to the kind of flight and the specific Latin epithet *immocerina* (wax colour).

Macho FD / *Male DS*

Hembra FD / *Female DS*

Faz ventral / *Ventral surface*

Saltarín Bello

Vinius pulcherrimus Hayward, 1934

Hesperiidae : Hesperiinae

Adulto: 20 - 25 mm • Cabeza y cuerpo pardos en la parte superior, pardo grisáceos en la inferior • **Macho: FD anaranjado pardusca** • **AA con franja posmedial y margen externo anaranjado parduscos**. Nervaduras y base pardas. Estigma negro • **AP con área basal, posbasal y márgenes pardo oscuros** • FV pardo anaranjada • AA con base y margen posterior pardo oscuros • AP con margen anal pardo oscuro • **Hembra: FD pardo oscura con** orlas pardo anaranjadas • **AA con hilera de manchas posmediales y posbasales pardo anaranjadas** • AP con gran mancha posmedial y una pequeña medial pardo anaranjada. Nervaduras pardas. FV de AA pardo anaranjada con base y amplio margen posterior pardo oscuros • **AP pardo anaranjadas con guiones pardos dispersos**.

Conducta y hábitat: Vuelo saltante. Matorrales y claros de bosques. Especie común la provincia de Buenos Aires.

Obs: Su nombre vulgar deriva del científico, *pulcherrimus*: bello.

Beautiful Skipper*

Vinius pulcherrimus Hayward, 1934

Hesperiidae : Hesperiinae

Adult: 20 - 25 mm • Head and body brown above, grayish brown below • **Male: DS brownish orange** • **FW have brownish orange postmedian band and outer margin**. Brown veins and base. Black stigma • **HW have dark brown basal and postbasal margins** • VS orange brown • FW have dark brown base and posterior margin • HW have dark brown anal margin • **Female: DS dark brown** with orange brown fringes • **FW have orange brown postmedian and postbasal row spots** • HW have two orange brown spots, a big postmedian one and other median, smaller. Brown veins. VS of FW orange with dark brown base and wide posterior margin • **HW have dispersed orange brown hyphens**.

Behavior and habitat: Jumping flight. Frequent in scrubs and open woods. Common species in Buenos Aires province.

(*) Literal translation from the Spanish common name *saltarín bello* (*saltarín*: skipper, *bello*: beautyful) which refers to the kind of flight and scientific name. *pulcherrimus*: beautiful.

Macho FD /
Male DS

Macho FV /
Male VS

Hembra FD /
Female DS

Hembra FV /
Female VS

Saltarín Punteado

Panca subpunctuli (Hayward, 1934)

Hesperiidae : Hesperiinae

Adulto: 25 - 28 mm • Cabeza y cuerpo pardos en la parte superior, grisáceos en la inferior, palpos blancuzcos • FD parda, con leve brillo dorado y orlas parduscas • **FV pardo grisácea** • AA con mitad basal de AA parda • **AP con tres puntos posmediales pardo oscuros**.

Conducta y hábitat: Vuelo saltante. Frecuenta matorrales y pastizales, incluso serrano. Especie escasa. Tandil.

Obs: Su nombre vulgar se debe a su forma de vuelo y a los puntos oscuros presentes en su FV.

Dotted Skipper*

Panca subpunctuli (Hayward, 1934)

Hesperiidae : Hesperiinae

Adult: 25 - 28 mm • Head and body brown above, grayish below; whitish labial palpi • DS brown with light golden brightness, and brownish fringes • **VS grayish brown** • FW brown in the basal half • **HW have three postmedian dark brown dots**.

Behavior and habitat: Jumping flight. Occurs in scrublands and grasslands, even the high ones. Uncommon species. Tandil.

(*) Literal translation from Spanish common name *saltarín punteado* (*saltarín*: skipper, *punteado*: dotted) refers to the kind of flight and the three dark dots on VS.

Faz ventral / *Ventral surface*

Puntos pardo oscuros /
Dark brown dots

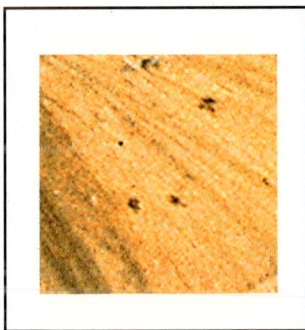

Saltarín Liláceo

Monca penda (Evans, 1955)

Hesperiidae : Hesperiinae

Adulto: 24 mm • FD parda, con orlas parduscas manchadas del pardo • AA con puntos costales subapicales y dos mediales hialinos • **FV de AA pardo oscura**, con similar diseño. **Apice gris liláceo y ocráceo**. Margen posterior pardo • **AP pardo oscuras con franjas transversales gris liláceas**.

Conducta y hábitat: Vuelo saltante. Se encuentra en matorrales del nordeste de la provincia.

Obs: El nombre vulgar deriva de su forma de vuelo y de las manchas liláceas de su FV.

Lilac Skipper*

Monca penda (Evans, 1955)

Hesperiidae : Hesperiinae

Adult: 24 mm • DS brown, brownish fringes spotted with brown • FW have several hyaline subapical costal dots and two also hyaline median dots. • **VS of FW dark brown**, similar pattern. **lilac-grey and ochraceous apex**. Brown posterior margin • **HW dark brown with transversal lilac-gray stripes**.

Behavior and habitat: Jumping flight. In scrubs of NE of Buenos Aires province.

(*) Literal translation from Spanish common name *saltarín liláceo* (*saltarín*: skipper, *liláceo/a*: lilac) alludes to the kind of flight and the lilac spots on VS.

Faz dorsal / *Dorsal surface*

Faz ventral / *Ventral surface*

Argos

Argon argus (Möschler, 1878)

Hesperiidae : Hesperiinae

Adulto: 35 - 40 mm, AP con pequeño lóbulo anal • Cabeza y cuerpo pardo oscuros en la parte superior, pardo grisáceos en la inferior • **FD parda**, con orlas parduscas • **AA con** dos o tres manchas posmediales y **dos pequeñas en el ápice de la CD blanco hialinas** • **FV pardo lilácea** con línea submarginal pardo oscura • AA con similar diseño. Centro y **varios puntos subapicales pardo oscuros**, mancha blanquecina cerca del margen posterior • **AP con hilera de lunares posmediales y uno en la CD pardo oscuros**.

Conducta y hábitat: Vuelo saltante. Frecuenta matorrales y pastizales. Especie escasa.

Obs: Tanto el nombre científico como el vulgar, aluden a los lunares pardo oscuros de la FV de las AP. *Argos*, en la mitología, era el guardián de los cien ojos.

Argos

Argon argus (Möschler, 1878)

Hesperiidae : Hesperiinae

Adult: 35 - 40 mm, HW have small anal lobe • Head and body dark brown above, grayish brown below • **DS brown**; brownish fringes • **FW have** two or three postmedian hyaline white spots and **two small hyaline white spots in the apex of DC** • **VS lilac brown** with submarginal dark brown line • FW similar pattern. Dark brown centre and many subapical dark brown dots; whitish spot near de posterior margin • **HW have postmedian row of dark brown beauty spots and another one of the same colour on the DC**.

Behavior and habitat: Jumping flight. Uncommon species, prefers scrubs and grasslands.

Note: Both scientific and common name alludes to the dark beauty spots on VS of HW. According to mythology *Argos* was the guardian of a the one hundred eyes.

Faz dorsal / *Dorsal surface*

Faz ventral / *Ventral surface*

Achirera

Quinta cannae (Herrich-Schäffer, 1869)

Hesperiidae : Hesperiinae

Adulto: 28 - 38 mm • AP con pequeño lóbulo anal • FD parda con
orlas parduscas • AA con dos manchas posmediales y puntos
costales posmediales hialinos • AP con hilera de manchas
mediales parduscas, inconspicuas • **FV de AA** con similar
diseño, pardo rojizas en el margen costal, pardo oscuras en el
centro, pardas en el margen posterior y **gris liláceas en el
margen externo** • **AP** muy variables, **pardo rojizas, con
margen anal pardo y margen externo gris** liláceo.

Conducta y hábitat: Vuelo saltante, prefiere bajos y jardines con
achiras (*Canna* sp.) su planta hospedadora. Especie común.

Obs: El nombre vulgar se debe a sus plantas hospedadoras. También
se la conoce como *oruga de las achiras*.

Achira's Eater*

Quinta cannae (Herrich-Schäffer, 1869)

Hesperiidae : Hesperiinae

Adult: 28 - 38 mm • HW have small anal lobe • DS brown with
brownish fringes • FW have two hyaline postmedian spots
and postmedian costal dots • HW have a row of inconspicuous
median brownish spots • **VS of FW** similar pattern, reddish
brown costal margin, dark brown centre, brown posterior
margin and **lilac gray outer margin** • **HW** very variable,
**reddish brown with brown anal margin and lilac gray outer
margin.**

Behavior and habitat: Jumping flight. Common species, prefers
lowlands and gardens with *achiras* (*Canna* sp.) its host plant.

(*) Spanish common name *achirera* refers to this butterflies host
plants (certain species of the genus *Canna,* Spanish local name
achira). Other Spanish common name is *oruga de las achiras*.

102

Faz dorsal /
Dorsal surface

Faz ventral / *Ventral surface*

Faz ventral / *Ventral surface*

Esclavo
Parphorus storax (Mabille, 1891)

Hesperiidae : Hesperiinae

Adulto: 25 mm • FD pardo oscura con orlas pardas [e hilera de manchas mediales y puntos costales subapicales pardos, inconspicuos] • **FV** parda **con** línea submarginal negruzca • **Nervaduras de las AP y del ápice de las AA amarillentas. Lunares posmediales en AP amarillentos.**

Conducta y hábitat: Vuelo saltante. Prefiere los matorrales periféricos de selvas. Isla Martín García.

Obs: Su nombre vulgar deriva del científico. *Storax* fue un esclavo romano.

Slave*
Parphorus storax (Mabille, 1891)

Hesperiidae : Hesperiinae

Adult: 25 mm • DS dark brown with brown fringes [also having brown row of median spots and inconspicuous subapical costal dots] • **VS** brown **with** submarginal blackish line • **Veins of HW and apical veins of FW yellowish. HW have postmedian yellowish beauty spots.**

Behavior and habitat: Jumping flight. In scrubs near the forest edge. Martín García Island.

(*) Literal translation from Spanish common name *esclavo* (= slave) which derives from the specific epithet *Storax*, a roman slave.

Faz dorsal sin AP derecha / *Dorsal surface without right HW*

Faz ventral sin AP derecha / *Ventral surface without right HW*

Saltarín Dorado
Polites vibex catilina (Plötz, 1886)

Hesperiidae : Hesperiinae

Adulto: 28 mm • Cabeza y cuerpo pardos en la parte superior • **Macho**: Cabeza y cuerpo pardo amarillentos en la parte inferior • **FD de AA amarillo dorada** con nervaduras pardas. Mancha posmedial y ancho margen externo pardos. Estigma negro, conspicuo • AP pardo anaranjadas con nervaduras y amplios márgenes pardos • **FV de AA pardo anaranjada, con** línea submarginal, **margen posterior, base y manchas posmediales pardo oscuras** • **AP amarillo parduscas con puntos submarginales, dos posmediales, dos costales mediales y dos costales basales pardo oscuros**. Dos puntos posbasales pardos inconspicuos • **Hembra**: Cabeza y cuerpo pardo grisáceos en la parte inferior • FD parda con brillo dorado, orlas parduscas • AA con hilera oblicua de manchas posmediales y puntos costales posmediales amarillentos • AP con franja medial pardo anaranjada • **FV de** AA similar, sin brillo dorado • **AP pardo amarillentas** con línea submarginal pardo oscura. **Hileras de manchas posbasal y posmedial** y franja paralela al margen anal **pardas**.

Conducta y hábitat: Vuelo saltante. Matorrales. Isla Martín García.

Whirlabout
Polites vibex catilina (Plötz, 1886)

Hesperiidae : Hesperiinae

Adult: 28 mm • Head and body brown above • **Male**: Head and body yellowish brown below • **DS of FW golden yellow** with brown veins. Brown postmedian spot and wide outer margin. Black evident stigma • HW orange brown with brown veins and wide margins • **VS of FW orange brown with dark brown submarginal line, posterior margin, base and postmedian spots** • **HW brownish yellow with dark brown dots (two postmedian, two costal and two basal)**. Two inconspicuous postbasal brown dots • **Female**: Head and body grayish brown below • DS brown with golden brightness and brownish fringe • FW have yellowish diagonal row of postmedian spots and postmedian costal dots • HW havè orange brown median band • **VS of** FW similar, lacking of golden brightness • **HW yellowish brown** with submarginal dark brown line. **Row of postbasal and postmedian brown spots;** brown band parallel to the anal margin.

Behavior and habitat: Jumping flight. Scrublands. Martín García Island.

Note: Spanish common name *saltarín dorado* (*saltarín*: skipper, *dorado*: golden) refers to the kind of flight and the golden brightness on DS.

Macho FD /
Male DS

Macho FV /
Male VS

Hembra FD /
Female DS

Hembra FV /
Female VS

Saltarín Modesto
Conga urqua (Schaus, 1902)

Hesperiidae : Hesperiinae

Adulto: 27 mm • Cabeza y cuerpo pardos en la parte superior, pardo
grisáceos en la inferior • **FD pardo brillante, con orlas parduscas** • **AA con punto pardusco mediano inconspicuo** •
FV más clara • AA con dos puntos parduscos • **AP con hilera medial de puntos parduscos inconspicuos**.

Conducta y hábitat: Vuelo saltante. Prefiere los pastizales, incluso
de altura. Especie escasa en la provincia de Buenos Aires.

Obs: Su nombre vulgar fue adjudicado debido a su coloración y silueta poco atractivas.

Modest Skipper*
Conga urqua (Schaus, 1902)

Hesperiidae : Hesperiinae

Adult: 27 mm • Head and body brown above, grayish brown below •
DS shiny brown having brownish fringes • **FW have an
inconspicuous brownish median dot** • **VS** lighter • FW have
two brownish dots • **HW have a median row of inconspicuous
brownish dots**.

Behavior and habitat: Jumping flight. Uncommon species in Buenos
Aires province. Prefers grasslands, even on high land.

(*) Literal translation from Spanish common name *saltarín modesto*
(*saltarín*: skipper, *modesto*: modest) which refers to the aspect
of wings and unattractive coloration.

Faz dorsal / *Dorsal surface*

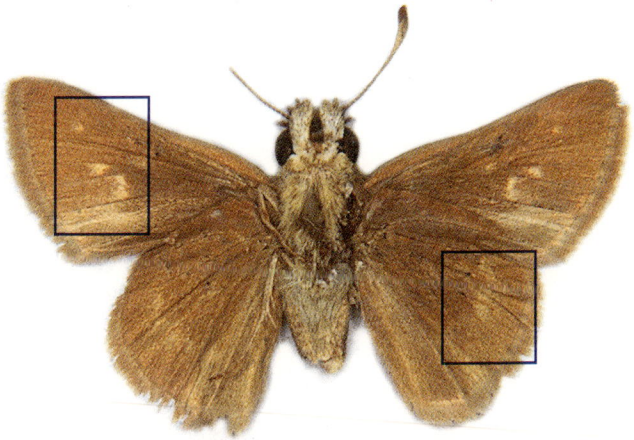

Faz ventral / *Ventral surface*

Ratoncito
Ancyloxypha nitidula (Burmeister, 1878)

Hesperiidae : Hesperiinae

Adulto: **15 - 21 mm** • Cabeza y cuerpo pardo en la parte superior, pardo grisáceos en la inferior • **FD pardo anaranjada** • **Distal de las nervaduras y márgenes de APA negruzcos** [guión negruzco en el ápice de la CD] • AP con orlas pardo anaranjadas • FV pardo anaranjada [o parda], con margen posterior de AA pardo oscuro.

Conducta y hábitat: Vuelo saltante. Frecuenta matorrales y pastizales del Nordeste del Gran Buenos Aires.

Obs: El término *nitidula* significa ratón de campo o lirón, aplicado aquí no sólo por el tamaño diminuto de la especie, sino también por su colorido. De aquí su nombre vulgar.

Little Mouse*
Ancyloxypha nitidula (Burmeister, 1878)

Hesperiidae : Hesperiinae

Adult: **15 - 21 mm** • Head and body brown above, grayish brown below • **DS orange brown** • **Blackish distal veins and margins of BPW** [blackish hyphen at the apex of DC] • HW have orange brown fringes • VS orange brown [or brown] with dark brown posterior margin of FW.

Behavior and habitat: Jumping flight. Frequent in scrubs and grasslands of northeastern Greater Buenos Aires.

(*) Literal translation from the Spanish common name *ratoncito* (= little mouse) related to the specific epithet (*nitidula*: country mouse or dormouse) which refers to the small size of the specimens and the brownish coloration of body and wings.

Faz dorsal / *Dorsal surface*

Faz dorsal / *Dorsal surface*

Saltarín Leonado
Hylephila phyleus (Drury, 1770)

Hesperiidae : Hesperiinae

Adulto: 25 - 35 mm • Cabeza y cuerpo pardos en la parte superior, pardo grisáceos en la inferior • **Macho**: **FD anaranjado amarillenta**, orlas del mismo color. **Margen externo de APA con manchas marginales triangulares pardas • AA con franja corta posmedial** y mancha desde la base hacia el centro del ala, **parda**s. Estigma negro • AP con márgenes pardos • **FV** pardo amarillenta • AA con base y manchas diseminadas pardo oscuras. Margen posterior grisáceo • **AP con puntos diseminados y línea paralela al margen anal, pardos • Hembra**: FD con orlas parduscas • **AA pardas, con hilera de manchas posmedial, base de la costa y manchas costales subapicales anaranjado parduscas** • AP pardo anaranjada con amplios márgenes pardos. Nervaduras pardas • FV de AA similar a la del macho.

Conducta y hábitat: Vuelo saltante. Matorrales, pastizales y jardines. Especie muy común en casi toda la provincia.

Fiery Skipper
Hylephila phyleus (Drury, 1770)

Hesperiidae : Hesperiinae

Adult: 25 - 35 mm • Head and body brown above, grayish brown below • **Male**: **DS yellowish orange** with same colour fringes. **Outer margin of BPW have triangular brown spots • FW have a short postmedian brown band** and brown spots from the base to the centre of the wing. Black stigma • HW have brown margins • **VS** yellowish brown • FW have dark brown base and dispersed spots. Grayish posterior margin • **HW have brown dispersed dots and line parallel to the anal margin • Female**: DS with brownish fringes • **FW brown with row of postmedian brownish orange spots, costal base and subapical costal spots of the same colour** • HW orange brown with wide brown margins. Brown veins • VS of FW similar to that of male.

Behavior and habitat: Jumping flight. Very common species, occurs in scrubs, grasslands and gardens of almost all Buenos Aires province.

Macho FD /
Male DS

Macho FV /
Male VS

Hembra FD /
Female DS

Hembra FV /
Female VS

Saltarín Mancha Roja
Wallengrenia premnas (Wallengren, 1860)

Hesperiidae : Hesperiinae

Adulto: 29 mm • Cabeza y cuerpo pardos en la parte superior, pardo rojizos en la inferior. Palpos pardo dorados • **Macho**: FD parda con brillo dorado y orlas parduscas • **AA con dos estigmas negros** y punto medial pardo, inconspicuo • **FV de AA pardo oscura, con costa y margen externo pardo ocráceos. Tornus grisáceo.** Mancha pequeña medial parda • **AP pardo ocrácea** con franja transversal medial y marginal pardo rojiza • **Hembra**: FD parda, con orlas parduscas • AA con dos manchas mediales y puntos costales posmediales pardos • **FV de** AA similar, pero pardo grisácea en costa y margen externo • **AP** pardo grisácea **con** franja medial pardo oscura, y **costa pardo rojiza**

Conducta y hábitat: Vuelo saltante. Frecuenta pastizales y matorrales.

Red Spot Skipper*
Wallengrenia premnas (Wallengren, 1860)

Hesperiidae : Hesperiinae

Adult: 29 mm • Head and body brown above, reddish brown below. Golden brown labial palpi • **Male**: DS brown with golden brightness and brownish fringes • **FW have two black stigmas** and inconspicuous median brown dot • **VS of FW dark brown with ochraceous brown costa and outer margin. Grayish tornus.** Small median brown spot • **HW ochraceous brown** with transversal median and marginal reddish brown band • **Female**: DS brown, brownish fringes • FW have two median brown spots and postmedian costal dots of the same colour • **VS** of FW similar but with grayish brown costa and outer margin • **HW** grayish brown, **with reddish brown costa** and dark brown median band.

Behavior and habitat: Jumping flight. Frequent in grasslands and scrublands.

(*) Literal translation from Spanish common name *saltarín mancha roja* (*saltarín*: skipper, *mancha*: spot, *roja*: red) which refers to the kind of flight and the VS wings coloration.

Macho FD /
Male DS

Macho FV /
Male VS

Hembra FD /
Female DS

Hembra FV /
Female VS

Saltarín Semicírculo
Lerodea eufala (Edwards, 1867)

Hesperiidae : Hesperiinae

Adulto: 23 - 30 mm • Cabeza y cuerpo pardos en la parte superior, grisáceos en la inferior • **FD parda con orlas parduscas • AA con manchas pequeñas hialinas, dispuestas en formas de semicírculo** • FV similar, pardo grisácea • AA con margen posterior pardo.

Conducta y hábitat: Vuelo saltante. Frecuenta matorrales con flores, claros de bosques y selvas y pastizales. Especie común en varios sitios de la provincia. Reserva Natural Punta Lara.

Obs: Su nombre vulgar se debe a la hilera de manchas en la FD de las AA que forman un semicírculo.

Eufala Skipper
Lerodea eufala (Edwards, 1867)

Hesperiidae : Hesperiinae

Adult: 23 - 30 mm • Head and body brown above, grayish below • **DS brown with brownish fringes • FW have small hyaline spots arranged as a semicircle** • VS similar, grayish brown • FW have brown posterior margin.

Behavior and habitat: Jumping flight. Common species, occurs in several sites of Buenos Aires province in flowery scrubs, open woods and forests and grassy areas. Punta Lara Natural Reserve.

Note: Spanish common name *saltarín semicírculo* (*saltarín*: skipper, *semicírculo*: semicircle) refers to the kind of flight and the semicircular pattern of spots on DS of FW.

Faz dorsal / *Dorsal surface*

Faz Ventral /
Ventral surface

Saltarín Unicolor
Lerodea incompta Hayward, 1934

Hesperiidae : Hesperiinae

Adulto: 25 -28 mm • Cuerpo pardo en la parte superior, pardo grisáceo en la inferior • **FD parda con reflejos dorados, sin diseño**. Orlas parduscas • FV pardo clara, sin diseño.

Conducta y hábitat: Vuelo saltante. Frecuenta pastizales y matorrales. General Alvarado, Necochea.

Obs: Su nombre vulgar se debe a la ausencia de diseño en ambas faces de sus dos pares de alas.

Unicolor Skipper*
Lerodea incompta Hayward, 1934

Hesperiidae : Hesperiinae

Adult: 25 - 28 mm • Body brown above, grayish brown below • **DS brown with golden brightness, lacking of special pattern**. Brownish fringes • VS light brown, lacking of special pattern.

Behavior and habitat: Jumping flight. Frequent in grasslands and scrublands. General Alvarado, Necochea.

(*) Literal translation from Spanish common name *saltarín unicolor* (*saltarín*: skipper, *unicolor*:unicolor) refers to the kind of flight and the absence of pattern on both the dorsal and ventral surfaces of the wings.

Faz dorsal / *Dorsal surface*

Faz ventral / *Ventral surface*

Saltarín Brasileño

Calpodes ethlius (Stoll, 1780)

Hesperiidae : Hesperiinae

Adulto: 37 - 56 mm • AA largas y angostas. **AP con lóbulo anal** •
Cabeza y cuerpo pardos en la parte superior grisáceos en la
inferior • **FD** parda, **con** base de APA y **orlas pardo ocráceas**
• AA con mancha aislada posmedial, hilera de manchas medianas **y** puntos costales posmediales hialinos • **AP con hilera de tres manchas mediales blancuzcas** • FV con similar
diseño, pardo ocrácea • Base de AA pardo oscura.

Conducta y hábitat: Vuelo zumbante. Frecuenta jardines y sitios
con *achiras* (*Canna* sp.), su planta hospedadora. Especie común.

Obs: Su nombre vulgar es el reconocido en distintos países, en particular en los anglófonos. Otro nombre vulgar español es *oruga de las achiras.*

Brazilian Skipper

Calpodes ethlius (Stoll, 1780)

Hesperiidae : Hesperiinae

Adult: 37 - 56 mm • FW long and narrow. HW have anal lobe • Head
and body brown above, grayish below • **DS** brown,
ochraceous brown at the base of BPW; ochraceous brown
fringes • FW have an isolated postmedian hyaline spot,
row of median spots and postmedian costal dots of such
colour • **HW have a row of three median whitish spots** •
VS similar pattern, ochraceous brown • Dark brown base
of FW.

Behavior and habitat: Buzzing flight. Common species, frequent
in gardens and sites with *achiras* (*Canna* sp.), their host
plant.

Note: The species common name is wide accepted in many
different countries, principally the English-speaking ones.
Another Spanish common name is *oruga de las achiras.*

Faz dorsal / *Dorsal surface*

Lóbulo anal /
Anal lobe

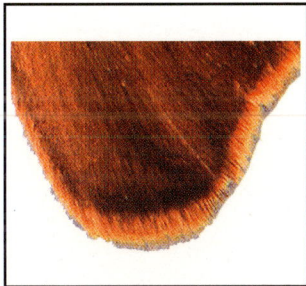

Saltarín Alas Largas

Panoquina ocola (Edwards, 1863)

Hesperiidae : Hesperiinae

Adulto: 32 - 37 mm • **AA largas y angostas**, AP con lóbulo anal muy pequeño • Cabeza y cuerpo pardos en la parte superior, grisáceos en la inferior • **FD parda, con orlas parduscas** • **AA con** puntos costales posmediales hialinos e **hilera de manchas medianas hialino amarillentas** • FV similar, pardo oscura en la base de las AA • **AP sin diseño**.

Conducta y hábitat: Vuelo saltante. Frecuenta matorrales con flores y pastizales. Especie común.

Obs: Su nombre vulgar se debe a lo largo de sus AA.

Long-winged Skipper

Panoquina ocola (Edwards, 1863)

Hesperiidae : Hesperiinae

Adult: 32 - 37 mm • **FW long and narrow**, HW have a very small anal lobe • Head and body brown above, grayish below • **DS brown with brownish fringes** • **FW have a row of median yellowish hyaline spots** and postmedian costal hyaline dots • VS similar, dark brown at the base of BPW • **HW lack of special pattern**.

Behavior and habitat: Jumping flight. Common species, frequent in flowery scrubs and grassy areas.

Note: Common name refers to the length of FW.

AA con hilera de
manchas hialino
amarillentas /
FW have a row of
yellowish hyaline
spots

Faz dorsal / *Dorsal surface*

Orlas pardusca / *Brownish*
fringes

Tespio Cinco
Thespieus xarina Hayward, 1948

Hesperiidae : Hesperiinae

Adulto: 41 mm • Cabeza y cuerpo pardo oscuros • FD pardo oscura
con base de APA grisácea. Orlas blancuzcas • AA con mancha en el ápice de la CD, hilera oblicua de manchas y puntos
costales posmediales hialinos • AP con franja transversal
medial hialina • **FV pardo rojiza** • AA con similar diseño.
Línea hialina desde el ápice al centro del ala • **AP con franja
transversal posbasal y otra con forma de "V" invertida,
hialinas**.

Conducta y hábitat: Vuelo saltante. Especie común en islas del Delta
y extremo nordeste de la provincia.
Obs: El apelativo *tespio* se debe a su nombre científico. Los tespios
son los habitantes de una antigua ciudad griega. *Cinco* se debe
al a la forma de una de las manchas de la FV de sus AP como
el cinco en números romanos.

Tespio Five*
Thespieus xarina Hayward, 1948

Hesperiidae : Hesperiinae

Adult: 41 mm • Head and body dark brown • DS dark brown with
base of BPW grayish. Whitish fringes • FW have a spot in the
apex of DC, diagonal row of spots and postmedian hyaline
dots • HW have a transversal median hyaline band • **VS
reddish brown** • FW have a similar pattern. Hyaline line from
the apex to wing centre • **HW have transversal postbasal
hyaline band and othe with form of invested " V ", also
hyaline**.

Behavior and habitat: Jumping flight. Common species in Delta of
Paraná islands and northeastern of Buenos Aires province.

(*) Literal translation from Spanish common name *tespio cinco*
(*tespio*: tespio, inhabitants of an old Greek city, *cinco*: five)
which refers to one hyaline spot in their VS, with form of
number five Roman.

Faz dorsal / *Dorsal surface*

Faz ventral / *Ventral surface*

Tespio Franja Parda
Thespieus vividus (Mabille, 1891)

Hesperiidae : Hesperiinae

Adulto: 30 - 32 mm • **FD** pardo oscura. Orlas blancas manchadas de pardo oscuro • AA con tres puntos costales posmediales blancos. Mancha en el ápice de la CD e hilera posmedial de manchas amarillo parduscas • **AP con franja transversal posmedial amarillo pardusca** • FV de AA similar • AP pardo grisácea, con margen externo, mancha en margen anal y base pardo rojizos. Dos manchas cerca de la base y una franja posmedial blanquecinas.

Conducta y hábitat: Vuelo saltante. Hallada en la isla Martín García. Especie muy escasa.

Obs: El apelativo *tespio* se debe a su nombre científico. Los tespios son los habitantes de una antigua ciudad griega. Y *banda parda* por la franja pardo amarillenta de la FD de sus AP.

Brown-banded Tespio*
Thespieus vividus (Mabille, 1891)

Hesperiidae : Hesperiinae

Adult: 30 - 32 mm • **DS** dark brown. White fringes spotted with dark brown • FW have three costal postmedian white spots. Brownish yellow spot in the apex of DC. Postmedian row of brownish yellow spots • **HW have transversal postmedian brownish yellow band** • VS similar on FW • HW grayish brown. Outer margin, spot on anal margin and base reddish brown. Two spots near the base and postmedian whitish band.

Behavior and habitat: Jumping flight. Found in Martín García Island. Very uncommon species.

(*) Literal translation from Spanish common name *tespio franja parda* (*tespio*: tespio, inhabitants of an old Greek city, *franja*: band, *parda/o*: brown) which refers to brownish yellow band on HW.

Faz dorsal / *Dorsal surface*

Franja amarillo pardusca /
Brownish yellow band

Tespio Franja Rota
Thespieus catochra (Plötz, 1882)

Hesperiidae : Hesperiinae

Adulto: 35 - 42 mm • Cabeza y cuerpo pardos en la parte superior, grisáceos en la inferior, palpos amarillentos • FD parda con orlas parduscas, blanquecinas en el ángulo anal • AA con hilera de manchas mediales, una en el ápice de la CD y puntos costales posmediales hialinos • **AP con dos manchas posmediales hialino amarillentas.** Nervaduras pardas • **FV** con similar diseño hialino. Margen externo y costal amarillento parduscos y mancha blanca difusa cerca del margen posterior • **AP pardo grisáceas, con franja mediana dislocada blanca bordeada de pardo rojizo.** Línea longitudinal posbasal amarillento pardusca. Punto blanco posbasal.

Conducta y hábitat: Vuelo saltante. Frecuenta pastizales, incluso serranos y matorrales. Tandil.

Obs: El nombre *franja rota* fue adjudicado por la banda de la FV de sus alas. Tespios son los habitantes de una antigua ciudad griega.

Broken Band Tespio*
Thespieus catochra (Plötz, 1882)

Hesperiidae : Hesperiinae

Adult: 35 - 42 mm • Head and body brown above, grayish below; yellowish labial palpi • DS brown with brownish fringes, whitish at the anal angle • FW with a row of median hyaline spots, spot at the apex of DC and postmedian costal dots of the same colour • **HW have two postmedian yellowish hyaline spots.** Brown veins • **VS** similar hyaline pattern. Outer margin and costa brownish yellow; diffuse white patch near the posterior margin • **HW grayish brown with median dislocated white, reddish brown-edged band.** Longitudinal postbasal yellowish brown line. Postbasal white dot.

Behavior and habitat: Jumping flight. Frequent in scrubs and grasslands, even in high grassy areas. Tandil.

(*) Literal translation from Spanish common name *tespio banda rota* (*tespio*: tespio, inhabitants of an old Greek city, *banda*: band, *rota*: broken) wich refers to band on VS of its HW.

Faz dorsal / *Dorsal surface*

Faz ventral / *Ventral surface*

Saltarín Óxido
Cymaenes odilia (Burmeister, 1878)

Hesperiidae : Hesperiinae

Adulto: 25 - 30 mm • Cuerpo pardo en la parte superior, pardo grisáceo en la inferior • FD pardo dorada con orlas parduscas • AA con tres puntos costales posmediales y dos mediales hialinos • **FV** con similar diseño • AA con margen externo pardo grisáceo • **AP con franja medial pardo rojiza** y margen externo pardo grisáceo.

Conducta y hábitat: Vuelo saltante. Especie común en la provincia de Buenos Aires, en pastizales y matorrales. Vicente López, isla Martín García, Reserva Natural Punta Lara, Tornquist, Miramar, Bolívar.

Obs: Su nombre vulgar se refiere a la coloración de la FV de sus AP.

Rust skipper*
Cymaenes odilia (Burmeister, 1878)

Hesperiidae : Hesperiinae

Adult: 25 - 30 mm • Body brown above, grayish brown below • DS golden brown with brownish fringes • FW with three costal postmedian hyaline dots. Two median hyaline dots • **VS** with similar pattern • FW with outer margin grayish brown • **HW with a median reddish brown band**. Outer margin grayish brown.

Behavior and habitat: Jumping flight. Very common species in grasslands and scrublands of Buenos Aires province. Vicente López, Martín García island, Punta Lara Natural Reserve, Tornquist, Miramar, Bolívar.

(*) Literal translation from Spanish common name *saltarín óxido* (*saltarín*: skipper, *óxido*: rust) refers to its coloration on HW VS.

Faz dorsal / *Dorsal surface*

Faz ventral / *Ventral surface*

Saltarín Tres Puntos
Cymaenes tripunctata (Latreille, 1823)

Hesperiidae : Hesperiinae

Adulto: 25 - 35 mm • FD pardo oscura • AA con puntos costales posmediales y manchas mediales parduscas, inconspicuas • **FV** parda. Línea submarginal pardo oscura • AA con similar diseño. Base y margen posterior pardo oscuros • **AP con líneas transversales medial y postmedial pardo oscuras**. Otra posbasal parda, inconspicua.

Conducta y hábitat: Vuelo saltante, en matorrales. Especie común en el NE de Buenos Aires, hasta Berisso.

Obs: Su nombre vulgar se refiere al diseño de sus AA.

Three Dots Skipper*
Cymaenes tripunctata (Latreille, 1823)

Hesperiidae : Hesperiinae

Adult: 25 - 35 mm • DS dark brown • FW with costal postmedian brownish dots. Median inconspicuous brownish spots • **VS** brown. Submarginal dark brown line • FW similar. Outer margin and base dark brown • **HW with transversal median and postmedian lines dark brown**. Postbasal inconspicuous brown line.

Behavior and habitat: Jumping flight, in scrublands. Common species in NE of Buenos Aires province to Berisso.

(*) Literal translation from Spanish common name *saltarín tres puntos* (*saltarín*: skipper, *tres*: three, *puntos*: dots) refers to its pattern.

Faz dorsal / *Dorsal surface*

Faz ventral / *Veentral surface*

Arlequín de las Palmeras

Pseudosarbia phoenicicola Berg, 1897

Hesperiidae : Hesperiinae

Adulto: 47 - 63 mm • Cabeza y **tórax negro**s, **con manchas anaran-jadas**. Abdomen negro con mechón terminal anaranjado • **FD negra con brillo verdoso**. Orlas amarillas **•AA con ancha y corta franja posmedial y otra medial, que se tocan, amari-llas** • AP con franja medial amarilla • **FV** similar, con base de APA amarilla • **AP con** costa y **línea longitudinal amarilla**s.

Conducta y hábitat: Vuelo saltante. Frecuenta sitios cercanos o con palmeras, incluyendo parques y plazas urbanas. La Plata

Obs: Su nombre vulgar se debe a su atractivo colorido, y a que las *palmeras* son algunas de sus plantas hospedadoras. Otros nombres vulgares son *isoca de las palmeras* y *oruga del fé-nix.*

Palms Harlequin*

Pseudosarbia phoenicicola Berg, 1897

Hesperiidae : Hesperiinae

Adult: 47 - 63 mm • Head and **thorax black, with orange spots**. Black abdomen with terminal orange lock • **DS black with greenish sheen**. Yellow fringes **•FW have two wide and short, postmedian and median, yellow bands** • HW with median yellow band • **VS** similar, **with** base of BPW yellow **HW have yellow** costa and **longitudianal line**.

Behavior and habitat: Jumping flight. Frequent in gardens and sites with *palms*. La Plata.

(*) Literal translation from Spanish common name *arlequín de las palmeras* (*arlequín*: harlequin, *palmeras*: palms) which alludes to the wings attractive coloration and some of their host plants are palms. Another Spanish common names are *isoca de las palmeras* and *oruga del fénix*.

Faz dorsal / *Dorsal surface*

Faz ventral / *Ventral surface*

Viudita

Parides bunichus damocrates (Guenée, 1872)

Papilionidae : Papilioninae : Troidini

Adulto: 65 mm • AP festoneadas y con cola • Tórax y abdomen negros con manchas rojas • **Macho**: **FD negra** con orlas blancas • **AP con manchas rojas submarginales**. Androconium en el margen anal, blanco, de aspecto algodonoso • FV similar, pero más clara • **Hembra**: con similar diseño, pero en colores negruzcos y rosados.

Conducta y hábitat: Vuelo lento, en general a uno o dos metros de altura. Frecuenta el interior de bosques húmedos, siempre en cercanías de cursos de agua. Sus plantas hospedadoras son *Aristolochia* sp. Posee coloración de advertencia. Reserva Natural de Punta Lara.

Obs: Su nombre vulgar se debe a su coloración oscura y el sombrío hábitat en el que vive.

Small Widow*

Parides bunichus damocrates (Guenée, 1872)

Papilionidae: Papilioninae : Troidini

Adult: 65 mm • HW scalloped, with tail • Thorax and abdomen black with red spots • **Male**: **DS black** with white fringes • **HW have submarginal red spots**. Androconium in the anal margin, white, cottony-like • VS similar, but lighter • **Female**: similar pattern, but of blackish and rose colours.

Behavior and habitat: Slow flight, usually one-two meters height. Frecuent in moist close woods, always near streams. Its host plants are *Aristolochia* sp. Warning coloration. Punta Lara Natural Reserve.

(*) Literal translation from Spanish common name *viudita* (=small widow) alludes to these butterflies dark coloration and dark habitat.

Macho FD
Male DS

Androconium

Hembra FD /
Female DS

Adulto exhibiendo su
coloración de advertencia
/ *Adult showing its
warning coloration*

Polydamas
Battus polydamas (Linnaeus, 1758)

Papilionidae : Papilioninae : Troidini

Adulto: 73 - 95 mm • **AP sin cola**, festoneadas • **FD negra** con orlas
amarillas • AA con hilera de manchas submarginales amarilla
• **AP con una hilera de manchas posmediales amarillas** •
FV de AA similar, pero más clara • AP con manchas submarginales rojas.

Conducta y hábitat: Vuelo vigoroso, en general a más de dos metros
de altura. Frecuenta matorrales y bosques. Posa en sectores
iluminados del follaje de árboles con las alas extendidas. Por
el contrario, en superficies barrosas, posa con las alas plegadas para mostrar su coloración de advertencia. Sus plantas
hospedadoras son *Aristolochia* sp.

Obs: Su nombre vulgar se refiere al cientítico. Polydamas fue un prín-
cipe troyano.

Polydamas Swallowtail
Battus polydamas (Linnaeus, 1758)

Papilionidae : Papilioninae : Troidini

Adult: 73 - 95 mm • **HW lacking of tail**, scalloped • **DS black** with
yellow fringes • FW have a row of submarginal yellow spots •
HW have a row of postmedian yellow spots • VS of FW
similar, lighter • HW with submarginal red spots.

Behavior and habitats: Vigorous flight, usually more than 2 meters
height. Frequent in scrubs and woods. These butterflies rest
with the wings unfolded when resting in sunlit clearings of
woodland. On the contrary, over muddy soil rest with the
wings not extended in order to show their warning coloration.
Its host plants are *Aristolochia* sp.

Note: Spanish common name *polydamas* refers to its scientific name.
Polydamas was a Trojan prince.

Faz dorsal / *Dorsal surface*

Faz ventral / *Ventral surface*

Polysticto
Battus polystictus (Butler, 1874)

Papilionidae : Papilioninae : Troidini

Adulto: 80 - 90 mm • AP festoneadas • **Macho**: Cuerpo negro con parte superior del abdomen y manchas laterales en el tórax amarillas • **FD negra con brillo verdoso, con lúnulas submarginales amarillo verdosas, con forma de "V"** • AP con manchas posmediales amarillas. Orlas amarillas manchadas de negro • FV negruzca • AA más claras, con manchas submarginales amarillas, esfumadas • AP con lúnulas submarginales rojas • **Hembra**: Similar, pero con abdomen negro en su totalidad.

Conducta y hábitat: Vuelo vigoroso, en general a más de dos metros de altura. Frecuenta matorrales y bosques. Posa en sectores iluminados del follaje de árboles con las alas extendidas. Por el contrario, en superficies barrosas posa con las alas plegadas para mostrar su coloración de advertencia. Especie muy común en la isla Martín García. No encontrada en otros sitios de la provincia. Sus plantas hospedadoras son *Aristolochia* sp.

Obs: Su nombre vulgar deriva del científico.

Polysticto*
Battus polystictus (Butler, 1874)

Papilionidae : Papilioninae : Troidini

Adult: 80 - 90 mm • HW scalloped • **Male**: Black body with yellow upper part of the abdomen and thoracic lateral spots • **DS black with greenish brightness and submarginal greenish yellow lunules** • HW have postmedian yellow spots. Yellow fringes spotted with black • VS blackish • FW lighter than HW with submarginal stamped yellow spots • HW have submarginal red lunules • **Female**: similar, but with whole black abdomen.

Behavior and habitat: Vigorous flight, usually more than two meters height. Frequent in scrubs and woods. Rests with the wings unfolded when landing in sunlit clearings of woodlands and not unfolded over muddy soils in order to show their warning coloration. Its host plants are *Aristolochia* sp. Very common in Martín García Island, not found in other sites of the province.

(*) Spanish common name refers to its scientific name.

Macho FD / *Male DS*

Faz ventral / *Ventral surface*

Hembra FD /
Female DS

Toas Chico

Heraclides thoas thoantides (Burmeister, 1878)

Papilionidae : Papilioninae : Papilionini

Adulto: 78 - 110 mm • Cola de 15 mm, espatulada, con centro amarillo • Cuerpo pardo en la parte superior, amarillo en la inferior • **FD pardo oscura**, con orlas amarillas manchadas de pardo • **AA con hilera de manchas amarillas desde el ápice al margen posterior**. Manchas submarginales y costales, **amarillas • AP con franja basal e hilera de manchas posmedial amarillas**. Manchas roja bordeada de azul en el margen anal • FV amarillo verdosa con manchas pardas • AP con lúnulas mediales celestes y manchas rojas.

Conducta y hábitat: Cercanías de parques y plantaciones de cítricos. Especie común. Orugas con coloración semejante a deposición de pájaro. Sus plantas hospedadoras son *Rutaceae* y *Piperaceae.*

Obs: Su nombre vulgar deriva del científico, *Toas* fue un héroe troyano. También se la llama *perro de los naranjos.* Nombres vulgares portugueses: *grande caixão de defunto* y *espia só.*

Thoas Swallowtail

Heraclides thoas thoantides (Burmeister, 1878)

Papilionidae : Papilioninae : Papilionini

Adult: 78 - 110 mm • Tail 15 mm, spoon-shaped, have yellow centre • Body brown above, yellow below • **DS dark brown**, yellow fringes spotted with brown • **FW have row of yellow spots from apex to posterior margin. Submarginal** and costal **yellow spot**s • **HW have basal yellow band and row of postmedian yellow spots**. Red spots with blue around in anal margin • VS greenish yellow with brown spots • HW with median light blue lunules and red spots.

Behavior and habitat: Parks and other areas with citrus. Common species. Caterpillar resembles bird dropping. Its host plants are *Rutaceae* and *Piperaceae.*

Note: Spanish common name *toas chico* refers its scientific name, *Toas* was a king, Trojan's war hero, and *chico*: small. Another Spanish common name is *perro de los naranjos.* Portuguese common names: *grande caixão de defunto* and *espia só.*

Hilera oblicua, manchas submarginales y costales /
*Diagonal row, submarginal and
costal spots*

Faz dorsal / *Dorsal surface*

Astyalos
Heraclides astyalus (Godart, 1819)

Papilionidae : Papilioninae : Papilionini

Adulto: 80 - 105 mm • AP con cola, festoneadas • **Macho**: **FD negra con ancha franja amarilla longitudinal en APA** • **AA** con ápice de la CD amarillo. **Sin manchas submarginales amarillas** • AP con mancha roja en el ángulo anal y grandes manchas submarginales amarillas • FV similar, pero más clara • AA con CD y manchas submarginales amarillentas • AP con hilera posmedial de lúnulas rojas, hacia distal, amarillas y alguna celeste • **Hembra**: Polimórfica • Negruzca • AA con manchas marginales amarillas • AP con hilera de manchas azules y rojas posmediales. Lúnulas submarginales rojizas • **Forma *oebalus***: rara, similar diseño, pero pardusca • Base de APA y ápice de la CD de las AA amarillenta.

Conducta y hábitat: Suele posar en superficies barrosas. Nordeste de la provincia e isla Martín García.

Obs: Su nombre vulgar deriva del científico, *Astyalos* fue el nombre de un troyano. Nombres vulgares portugueses *pequeno caixão de defunto*, la hembra *viuva*.

Astyalos*
Heraclides astyalus (Godart, 1819)

Papilionidae : Papilioninae : Papilionini

Adult: 80 - 105 mm • HW have tail, scalloped • **Male**: **DS black with wide yellow band on BPW** • **FW** with yellow apex of DC. **Without submarginal yellow spots** • HW have red spot on the anal angle and big submarginal yellow spots • VS similar, but lighter • FW with yellowish DC and submarginal spots • HW have a row of postmedian red lunules and some yellow and sky-blue lunules near the distal portion • **Female**: Polymorphic • Blackish • FW have marginal yellow spots • HW with a row of postmedian red and blue spots. Submarginal reddish lunules • *Oebalus* **form**: uncommon, similar pattern but lighter than *pirithous* form • Yellowish base of BPW and DC apex of FW.

Behavior and habitat: These butterflies rest on muddy soils. To be found in northeastern Buenos Aires and Martín García Island.

(*) Spanish common name which derives from the specific epithet. *Astyalos* was the name of a Trojan.

Note: Portuguese common names: *pequeno caixão de defunto*, female *viuva*.

Macho FD / *Male DS*

Hembra (falta la cola en el AP izquierda) / *Female (left HW lacks tail)*

Hembra forma *oebalus,* FD / *Female oebalus form, DS*

Héctor
Heraclides hectorides (Esper, 1794)

Papilionidae : Papilioninae : Papilionini

Adulto: 60 - 100 mm • AP festoneadas, con cola de 14 mm • **Macho**: Cuerpo pardo en la parte superior, amarillo en la inferior • **FD** negra • **AA** con franja oblicua amarillo pálida • **AP con** ancha franja posbasal y manchas submarginales amarillo pálida. Algunas **manchas submarginales rojas** • FV similar, pero más clara • AA con línea submarginal amarilla • **Hembra**: Polimórfica. Cuerpo pardo con línea lateral amarilla. **FD** parda • **AA con delgada franja medial amarillo pálida** • **AP con algunas manchas mediales rojas** y otra grande posbasal amarillo pálida. **Lúnulas submarginales rojas**. Orlas amarillas • FV similar, pero más clara • AA con línea submarginal amarilla • **La hembra melánica** carece del diseño amarillo medial en ambas faces, es la que predomina en Buenos Aires. Es mimo de *Parides bunichus damocrates..*

Conducta y hábitat: Vuelo vigoroso. Frecuenta matorrales iluminados de la isla Martín García. Orugas gregarias, en pequeños grupos.

Obs: Su nombre vulgar deriva del científico. Según la mitología, *Héctor* fue el héroe troyano que aterró a los griegos. Nombre vulgar portugués de la hembra melánica *viuvinha.*

Héctor*
Heraclides hectorides (Esper, 1794)

Papilionidae : Papilioninae : Papilionini

Adult: 60 - 100 mm • HW scalloped with 14 mm tail • **Male**: Body brown above, yellow below • **DS** black • FW have a diagonal light yellow band • **HW with** a wide postbasal light yellow band and submarginal spots of the same colour. **Submarginal red spots** • VS similar, lighter than DS • FW have submarginal yellow line • **Female**: Polymorphic. Brown body with yellow lateral line. **DS** brown • **FW with a narrow median light yellow band • HW have some median red spots** and a big light yellow posbasal one. **Submarginal red lunules**. Yellow fringes • VS similar, lighter • FW have submarginal yellow line • Female melanic lacks of the yellow pattern on both surfaces, predominant in Buenos Aires province. *Parides bunichus damocrates* mimic.

Behavior and habitat: Vigorous flight. Frequent in sunlit areas of scrubland clearings on Martín García Island. Gregarious caterpillar in small groups.

(*) Common name used in the study area, which derives from the scientific name. According to Greek mythology, *Héctor* was a Trojan hero that terrified the Greeks. Note: Portuguese common name of *melania* form is *viuvinha.*

Macho FD / *Male DS*

Hembra melánica, FD /
Melanic female DS

Hembra, forma típica FD /
Female, typical form, DS

Helánico

Pterourus hellanichus (Hewitson, 1868)

Papilionidae : Papilioninae : Papilionini

Adulto: 70 - 85 mm • Cortas y agudas colas • Cuerpo negro, con manchas laterales y ventrales amarillas • **FD negra**, con orlas amarilla manchadas de negro • AA con hileras de manchas submarginal y posmedial amarillas. Ápice de la CD amarillo • **AP con hilera posmedial de manchas amarillas con parte distal anaranjada** • FV de AA similar, pero más clara • AP amarillo claras, con nervaduras y franja marginal negras. Lúnulas posmediales celestes y manchas submarginales amarillas.

Conducta y hábitat: Vuelo vigoroso. Bosques xerófilos del Nordeste de la provincia. Baradero. Especie muy escasa.

Obs: Su nombre vulgar deriva del científico, *Helánico* fue un historiador griego que vivió en el siglo V.

Helánico*

Pterourus hellanichus (Hewitson, 1868)

Papilionidae : Papilioninae : Papilionini

Adult: 70 - 85 mm • Short and acute tails • Black body with lateral and ventral yellow spots • **DS black**, yellow fringes spotted with black • FW have rows submarginal and postmedian of yellow spots. Apex of CD yellow • **HW with postmedian row of yellow spot, orange at the distal portion** • VS of FW similar, lighter than DS • HW pale yellow with black veins and marginal band. Sky-blue postmedian lunules and submarginal yellow spots.

Behavior and habitat: Vigorous flight. Uncommon species occurs in xeromorphic woods of northeastern Buenos Aires province. Baradero.

(*) Common name used in the study area, which derives from the scientific name. *Helánico* was a Greek historian of the V century).

Faz dorsal /
Dorsal surface

Faz ventral /
Ventral surface

Mancha Rubí
Priamides anchisiades capys (Hübner, 1809)

Papilionidae : Papilioninae : Papilionini

Adulto: 70 - 105 mm • APA festoneadas. AP sin cola • **FD negra**, mitad distal de AA algo translúcida • **AP con hilera medial de manchas rosa purpúreas**. Orlas en el ápice manchadas de amarillo • FV similar, pero más clara.

Conducta y hábitat: Vuelo vigoroso, a uno o dos metros de altura. Frecuenta matorrales ribereños. Sus plantas hospedadoras son *Rutaceae*, orugas gregarias. Especie escasa en el área de estudio, hallada en la isla Martín García y nordeste de la provincia, hasta Berisso.

Obs: Su nombre se debe a la mancha que ostenta en las alas posteriores. Nombre vulgar portugués *rosa no luto*.

Ruby-spotted Swallowtail
Priamides anchisiades capys (Hübner, 1809)

Papilionidae : Papilioninae : Papilionini

Adult: 70 - 105 mm • BPW scalloped. HW without tail • **DS black**, distal half of FW quite translucent • **HW have a median row of purplish-rose spots**. Fringes spotted with yellow at the apex • VS similar, lighter.

Behavior and habitat: Vigorous flight, one or two meters height. Occurs in coastal scrubs. Its host plants are *Rutaceae*, gregarious caterpillars. Uncommon species in the study area, found in Martín García Island and northeast of the province, as far as Berisso.

Note: Spanish local name *mancha rubí* (*mancha*: spot, *rubí*: ruby) refers to the peculiar spot on HW. Portuguese common name *rosa no luto*.

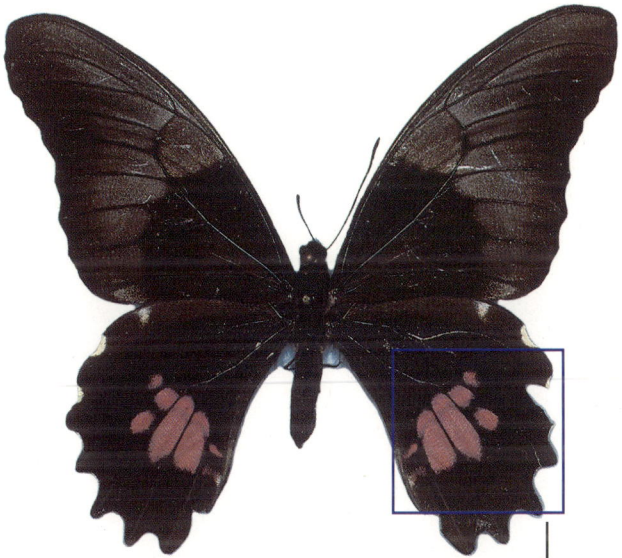

Faz dorsal / *Dorsal surface*

Bonita Blanca
Dismorphia psamathe (Fabricius, 1793)

Pieridae : Dismorphiinae

Adulto: 50 mm • **Macho**: AA largas y angostas • **FD** blanca • **AA con** línea marginal y **tercio apical negro**s. **Mancha subapical blanca** • AP con mancha negra en el margen externo • FV blanca, con AP, ápice y costa de AA amarillo verdoso • AP con línea transversal medial pardusca • **Hembra**: similar, pero con AA de forma triangular.

Conducta y hábitat: Vuelo tremulante, a escasa altura. Posa en áreas soleadas. Especie común en las islas del Delta y Martín García.

Obs: El nombre vulgar se debe a su coloración y a la estilizada silueta de sus alas, extraña para la familia a la que pertenece.

Pretty White*
Dismorphia psamathe (Fabricius, 1793)

Pieridae : Dismorphiinae

Adult: 50 mm • **Male**: FW long and narrow • **DS** white • **FW black** marginal line and **apical third**. **Subapical white spot** • HW have a black spot on the outer margin • VS white, greenish yellow HW and FW apex and costa • HW have transversal brownish median line • **Female**: similar, FW have triangular shape.

Behavior and habitat: Tremulous flight, low height. These butterflies rest in sunlit clearings. Common species in Delta of Paraná and Martín García islands.

(*) Literal translation from Spanish local name *bonita blanca* (*bonito/a*: pretty, *blanca*: white) refers to the wings coloration, and stylized outline, uncommon in this family.

Faz dorsal / *Dorsal surface*

Faz ventral / *Ventral surface*

153

Falsa Lechera
Theochila maenacte (Boisduval, 1836)

Pieridae : Pierinae

Adulto: 42 - 50 mm • **Periocular amarillo anaranjado**, palpos labiales blancos o amarillentos • <u>**Macho**</u>: FD blanca • AA con y margen costal apenas negruzcos • **FV blanca** con AP y ápice de las AA amarillentas • **Punto amarillo anaranjado en la base de las AP** • <u>Hembra</u>: Similar, pero blanco pardusca en su FD.

Conducta y hábitat: Vuelo vigoroso, a no más de un metro y medio de altura. Especie común en pastizales soleados del nordeste, en cercanías de cursos de agua. Reserva Natural Punta Lara, Reserva Natural Otamendi e isla Martín García.

False Milky*
Theochila maenacte (Boisduval, 1836)

Pieridae : Pierinae

Adult: 42 - 50 mm • **Periocular orange-yellow**, white or yellowish labial palpi • <u>**Male**</u>: DS white • FW have costal margin scarcely black • **VS white** with yellowish HW and FW apex • **Orange-yellow dot at the base of HW** • <u>Female</u>: similar, but brownish white on DS.

Behavior and habitat: Vigorous flight, below 1.5 meters height. Commonly occurs in sunny grassy areas of the northeast of Buenos Aires province, close to streams. Punta Lara Natural Reserve, Otamendi Natural Reserve and Martín García Island.

(*) Literal translation from Spanish local name *falsa lechera* (*falso/a*: false, *lechero/a*: milky).

Macho FD /
Male DS

Macho FV / *Male FV*

Hembra FD /
Female DS

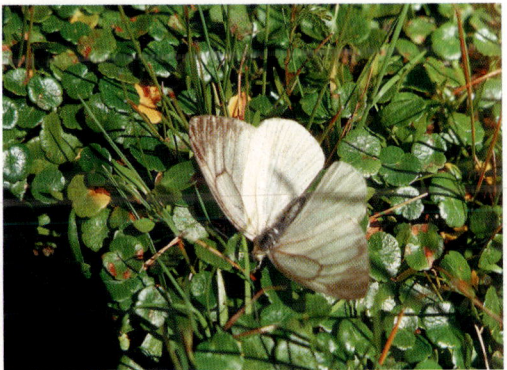

Lechera Común
Tatochila autodice (Hübner, 1814)

Pieridae : Pierinae

Adulto: 45 - 55 mm • **Macho**: Palpos blancos, arriba de los ojos anaranjado • FD de AP blanca [con manchas esfumadas al final
de las nervaduras] • AA con manchas marginales triangulares
y submarginales negras. Ápice de la CD negro • **FV de** las AP
y ápice de las AA amarillentas • **AP con mancha pequeña
negra posbasal,** entre la costa y la CD. **Mancha blanca sobre vena y adyacencias de la CD**. Base y costa anaranjada,
nervaduras blancas bordeadas de negro. Manchas submarginales con forma de "V" • **Hembra**: similar, FD de AP con
manchas submarginales y marginales negras.

Conducta y hábitat: Vuelo vigoroso. Presente en pastizales incluso
serranos, matorrales, campos cultivados, médanos y jardines.
Especie muy común en toda la provincia.

Obs: Otros nombres vulgares son: *isoca de las coles*, *pirpinto de las
coles* y *pirpinto blanco de las coles*, en referencia a una de
sus plantas hospedadoras.

Common Milky*
Tatochila autodice (Hübner, 1814)

Pieridae : Pierinae

Adult: 45 - 55 mm • **Male**: White labial palpi, orange over the
compound eyes • DS of HW white [with stumped spots at
the end of veins] • FW have black marginal triangular and
submarginal spots. Apex of DC black • **VS of** HW and FW
apex yellowish • **HW with small postbasal black spot,**
between the costa and the DC. **White spot on vein and
adjacency of DC**. Orange base and costa, white veins, black-
edged. "V" pattern submarginal spots • **Female**: similar. DS
of HW with marginal and submarginal black spots.

Behavior and habitat: Vigorous flight. Very common species in
whole Buenos Aires province, frequent in grasslands, scrubs,
cultivated fields, sand banks and gardens.

(*) Literal translation from Spanish common name *lechera común*
(*lechero/a*: milky, *común*: common). Another Spanish
common names are: *isoca de las coles*, *pirpinto de las coles*
and *pirpinto blanco de las coles*, they refer to one of their
host plants.

Macho FD /
Male DS

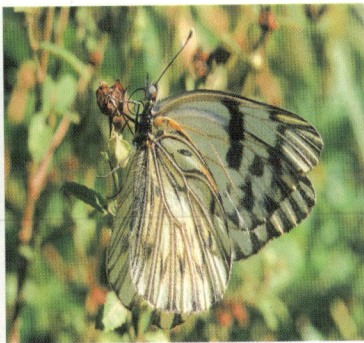

Hembra FD y FV /
Female DS and VS

Faz ventral / *Ventral surface*

Lechera Troyana
Tatochila vanvolxemii (Capronnier, 1874)

Pieridae : Pierinae

Adulto: 47 - 55 mm • **Muy variable de acuerdo a la época del año** • **Macho**: Palpos blancos, anaranjado sobre los ojos • **FD** blanca, muy variable (una forma se parece a la hembra de *T. autodice*) • AA con línea negra en el ápice de la CD. Algunas manchas marginales negras, poco marcadas, variables • **AP totalmente blancas** • FV de AP y ápice de AA con venas blancas bordeadas de negruzco • **AP sin mancha negra posbasal** y sin manchas submarginales • **Hembra**: FD blanca • Más manchada que el macho • APA con manchas marginales y submarginales negras • AP con venas blancas bordeadas de negro • **FV** blanca • AA con ápice amarillo • **AP** amarillas con margen costal anaranjado y nervaduras blanca bordeadas de negro. **Sin mancha negra posbasal**.
Conducta y hábitat: Vuelo vigoroso. Frecuenta pastizales incluso serranos, matorrales y campos cultivados. Especie común.
Obs: Su nombre vulgar deriva de *acamante*, nombre científico que le fuera otorgado erróneamente. Acamante fue un valiente troyano muerto en batalla.

Trojan Milky*
Tatochila vanvolxemii (Capronnier, 1874)

Pieridae : Pierinae

Adult: 47 - 55 mm • **Very variable according to season** • **Male**: white labial palpi, orange over the eyes • **DS** white, very variable (with a form similar to *T. autodice*'s female) • FW have a black line at the apex of DC • Some few marked marginal spots • **HW entirely white** • VS of HW with white, black-edged veins • **HW lacking of postbasal black spot** and submarginal spots • **Female**: DS white • More spotted than that of the male• BPW have black marginal and submarginal spots • HW with white, black-edged veins • **VS** white • FW have yellow apex • **HW** yellow, with orange costal margin and white, black-edged veins. **Lacking of postbasal black spot**.
Behavior and habitat: Vigorous flight. Common species, frequent in grassy areas (even on hills), scrublands and cultivated fields.
(*) Literal translation from Spanish common name *lechera troyana* (*lechero/a*: milky, *troyana*: Trojan) which derives from *acamante,* an erroneous scientific name given to this species. Acamante was a brave Trojan killed in a battle.

Macho FD /
Male DS

Hembra FD y FV /
Female DS and VS

Faz ventral / *Ventral surface*

Lechera Troyana
Tatochila vanvolxemii (Capronnier, 1874)

Pieridae : Pierinae

Adulto: 47 - 55 mm • **Muy variable de acuerdo a la época del año** • <u>Macho</u>: Palpos blancos, anaranjado sobre los ojos • **FD** blanca, muy variable (una forma se parece a la hembra de *T. autodice*) • AA con línea negra en el ápice de la CD. Algunas manchas marginales negras, poco marcadas, variables • **AP totalmente blancas** • FV de AP y ápice de AA con venas blancas bordeadas de negruzco • **AP sin mancha negra posbasal** y sin manchas submarginales • <u>Hembra</u>: FD blanca • Más manchada que el macho • APA con manchas marginales y submarginales negras • AP con venas blancas bordeadas de negro • **FV** blanca • AA con ápice amarillo • **AP** amarillas con margen costal anaranjado y nervaduras blanca bordeadas de negro. **Sin mancha negra posbasal**.
Conducta y hábitat: Vuelo vigoroso. Frecuenta pastizales incluso serranos, matorrales y campos cultivados. Especie común.
Obs: Su nombre vulgar deriva de *acamante*, nombre científico que le fuera otorgado erróneamente. Acamante fue un valiente troyano muerto en batalla.

Trojan Milky*
Tatochila vanvolxemii (Capronnier, 1874)

Pieridae : Pierinae

Adult: 47 - 55 mm • **Very variable according to season** • <u>Male</u>: white labial palpi, orange over the eyes • **DS** white, very variable (with a form similar to *T. autodice*'s female) • FW have a black line at the apex of DC • Some few marked marginal spots • **HW entirely white** • VS of HW with white, black-edged veins • **HW lacking of postbasal black spot** and submarginal spots • <u>Female</u>: DS white • More spotted than that of the male• BPW have black marginal and submarginal spots • HW with white, black-edged veins • **VS** white • FW have yellow apex • **HW** yellow, with orange costal margin and white, black-edged veins. **Lacking of postbasal black spot**.
Behavior and habitat: Vigorous flight. Common species, frequent in grassy areas (even on hills), scrublands and cultivated fields.
(*) Literal translation from Spanish common name *lechera troyana* (*lechero/a*: milky, *troyana*: Trojan) which derives from *acamante,* an erroneous scientific name given to this species. Acamante was a brave Trojan killed in a battle.

Macho FD /
Male DS

Hembra FD /
Female DS

Faz ventral / *Ventral surface*

Lechera Grande
Glutophrissa drusilla (Cramer, 1777)

Pieridae : Pierinae

Adulto: 55 - 60 mm • Margen externo de AA algo cóncavo • Periocular blanco • **Macho**: Clavas con ápice celeste • FD blanca, AA con ápice negro • **FV** blanca o amarillenta • **AP con línea anaranjada en la costa** • **Hembra**: **FD** de AA blancas con anchos márgenes externos y costal negros • **AP amarillas con margen externo negro** • FV blanco nacarada con márgenes más oscuros. Mitad proximal del margen costal amarillento.

Conducta y hábitat: Vuelo vigoroso. Liba en movimiento. Frecuenta matorrales con flores de la región nordeste de la provincia. Especie escasa, que suele confundirse con otros piéridos.

Big Milky*
Glutophrissa drusilla (Cramer, 1777)

Pieridae : Pierinae

Adult: 55 - 60 mm • Outer margin of FW quite concave • White periocular • **Male**: Sky-blue apex of clubs • **DS white, with black apex** • **VS** white or yellowish • **HW have an orange line on the costa** • **Female**: **DS of** FW white, with wide outer and costal black margins • **HW yellow, with black outer margin** • VS pearl-white, with darker margins. Yellowish proximal half of the costal margin.

Behavior and habitat: Vigorous flight. Uncommon species, found in northeastern Buenos Aires province in flowery scrubs. Usually confused with other species of the *Pieridae* family. Sucks in movement.

(*) Literal translation from Spanish common name *lechera grande* (*lechero/a*: milky, *grande*: big).

Macho FD /
Male DS

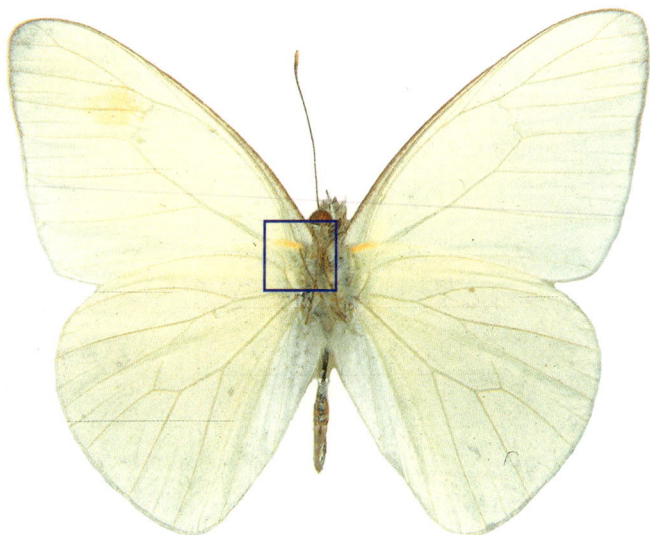

Macho FV / *Male VS*

Hembra FD /
Female DS

Blanca de la Col
Ascia monuste automate (Burmeister, 1872)

Pieridae : Pierinae

Adulto: 50 - 55 mm • Tórax negro con pelos blancos, abdomen blanco, clavas turquesa • **Macho**: **FD blanca, AA con ápice y parte del margen externo negros** • **FV** blanca con tinte verde amarillento muy claro, **sin diseño** • **Hembra**: Con parte del margen externo y ápice de AA negruzcos, más anchos • FV amarillenta o amarillo pardusca en AP y ápice de las AA.

Conducta y hábitat: Realiza movimientos estacionales en el centro de la provincia. Vuelo vigoroso. Presente en pastizales y campos cultivados de muchos partidos de la provincia.

Obs: Su nombre vulgar deriva de la coloración de sus alas y de una de sus plantas hospedadoras.

Great Southern White
Ascia monuste automate (Burmeister, 1872)

Pieridae: Pierinae

Adult: 50 - 55 mm • Black thorax with white hairs, white abdomen, turquoise clubs • **Male**: **DS white, FW have black apex and portion of the outer margin** • **VS** white, with pale yellowish green staining, **without pattern** • **Female**: FW have blackish apex and portion of the outer margin, wider than that of males • VS yellowish or brownish yellow on HW and apex of FW.

Behavior and habitat: Seasonal changes of place along the centre of Buenos Aires province. Frequent in grassy areas and cultivated fields. Vigorous flight.

Note: Spanish common name *blanca de la col* (*blanco/a*: white, *coles*: cabbages) refers to the wings coloration and one of their host plants.

Faz dorsal / *Dorsal surface*

Faz ventral / *Ventral surface*

Isoca de la Alfalfa

Colias lesbia pyrrhothea (Hübner, 1819)

Pieridae : Coliadinae

Adulto: 32 - 45 mm • **Macho: FD anaranjada**, con costa, ápice y margen externo de APA negros. Orlas amarillentas • **AA con lunar negro en el ápice de la CD** • FV amarillo verdosa con márgenes parduscos. APA con puntos pardos submarginales y lunar blanco bordeado de negro en el ápice de la CD • Mitad proximal de AA anaranjada • Algunos machos son gris verdosos, infértiles y con corta vida • **Hembra: Polimórfica** • **Forma típica: FD anaranjada con anchos márgenes externos parduscos, manchas submarginales verdosas** • AA con lunar negro en la CD • FV verdosa con lunares submarginales parduscos • AP con lunar blanco anillado de pardo en la CD • **Forma *heliceoides***: con similar diseño, pero **gris verdosa** • Entre estas dos coloraciones de hembras existe una gran gama de tonalidades.

Conducta y hábitat: Vuelo vigoroso. Pastizales (incluso serranos), pradera ribereña, médanos, matorrales, campos cultivados y jardines. Especie muy común en toda la provincia. Se pueden observar ejemplares aún durante el invierno. Es plaga.

Obs: Su nombre vulgar deriva de una de sus plantas hospedadoras. Otros nombres vulgares son *cuncuna de la alfalfa, oruga de la alfalfa, borboleta da alfafa* y *borboletinha alaranjada*.

Lucen's Caterpillar*

Colias lesbia pyrrhothea (Hübner, 1819)

Pieridae : Coliadinae

Adult: 32 - 45 mm • **Male: DS orange**, with black costa, apex and outer margin of BPW. Yellowish fringes • **FW have a black beauty spot at the apex of DC** • VS greenish yellow with brownish margins. BPW have submarginal brown dots and white, black-edged beauty spot at the apex of DC • Proximal half of FW orange • Some males are greenish gray coloured, sterile and of short term life • **Female: Polymorphic** • **Typical form: DS orange, with wide brownish outer margins and submarginal greenish spots** • FW have black beuty spot on DC • VS greenish, with submarginal brownish beauty spots • HW have a white, brown-ringed lunar spot on DC • *Heliceoides* **form**: similar pattern but **greenish gray**.

Behavior and habitat: Vigorous flight. Very common species, frequent in grasslands (even the high ones), coastal meadows, dunes, cultivated fields and gardens, even in winter. It is a pest.

(*) Literal translation from Spanish common name *isoca de la alfalfa* (*isoca*: caterpillar, *alfalfa*: lucern) refers to one of their host plants. Another common names are *cuncuna de la alfalfa, oruga de la alfalfa, borboleta da alfafa* and *borboletinha alaranjada*.

Macho FD /
Male DS

Hembra forma típica, FD /
Female typical form, DS

Hembra FD / *Female DS*   Hembra FD / *Female DS*

Macho FD /
Male DS

Anteo
Anteos clorinde (Godart, 1823)

Pieridae : Coliadinae

Adulto: 88 - 100 mm • **Costa de AA muy convexa en el ápice**, margen externo cóncavo • AP festoneadas • **Macho:** FD blanca con lunar pardo en el ápice de la CD de APA • **AA con mancha amarilla** • FV verdosa, con lunar pardusco en el ápice de la CD de APA • AP con nervaduras amarillentas • **Hembra**: Similar, pero la mancha amarilla de las AA pequeña o inexistente.

Conducta y hábitat: Vuelo vigoroso y recto, a dos o más metros de altura. Frecuenta claros de bosques, pastizales y cercanías de cursos de agua. Especie escasa en la provincia.

Obs: *Anteo* fue un gigante en la mitología griega.

White Angled Sulphur
Anteos clorinde (Godart, 1823)

Pieridae : Coliadinae

Adult: 88 - 100 mm • **FW with convex costal apex**, concave outer margin • HW scalloped • **Male:** DS white; BPW have brown beauty spot at the apex of DC • **FW with yellow spot** • VS greenish, BPW have brownish beauty spot at the apex of DC • Veins on HW yellowish • **Female**: similar, with smaller, even absent, yellow spot on FW.

Behavior and habitat: Vigorous flight, straight, more than two meters height. Limited species in Buenos Aires province, occurs in open woods, grasslands and close to streams.

Note: Spanish common name *anteo* alludes to the giant of the Greek mythology.

Faz dorsal / *Dorsal surface*

Faz ventral / *Ventral surface*

Febo

Phoebis sennae (Linnaeus, 1758)

Pieridae : Coliadinae

Adulto: 68 mm • **Macho**: **FD amarilla** o amarillo verdosa • **FV** amarillo verdosa **con dos puntos plateados anillados de pardo** en el ápice de la CD de APA. Pequeñas manchas dispersas parduscas • **Hembra**: FD amarillenta, rosácea o algo translúcida, con manchas marginales o margen externo y lunar en la CD pardos.

Conducta y hábitat: Vuelo vigoroso y recto, a veces en fila. Especie común en varios sitios de la provincia. Reserva Natural Punta Lara.

Obs: Su nombre vulgar deriva del color de sus alas y de su nombre científico. Nombre vulgar portugués *casca da limão* (cáscara de limón).

Cloudless Giant Sulphur

Phoebis sennae (Linnaeus, 1758)

Pieridae : Coliadinae

Adult: 68 mm • **Male**: **DS yellow** or greenish yellow • **VS** greenish yellow. BPW have **two silvered, brown-ringed dots** at the apex of DC. Dispersed small brownish spots • **Female**: DS yellowish, rose-coloured or quite translucent with marginal brown spots or brown outer margin and beauty spot on DC.

Behavior and habitat: Vigorous and straight flight, sometimes in row. Common species in many sites of Buenos Aires province. Punta Lara Natural Reserve.

Note: Spanish local name *febo común* (*febo*: -*poet*.-sun, *común*: common) refers to the wings coloration and scientific name. Portuguese common name *casca da limão* (lemon's skin).

Macho /
Male

Hembra FD /
Female DS

Hembra FV /
Female VS

169

Ciprina
Phoebis neocypris (Fabricius, 1793)

Pieridae : Coliadinae

Adulto: 66 mm • **Corta cola** • <u>**Macho**</u>: FD amarilla • FV amarillo verdosa, con manchas y líneas de diversos tamaños, pardo rojizas • AP con dos manchas plateadas en la CD • <u>**Hembra**</u>: Similar, pero amarillo muy clara • AA con lunar en la CD y ápice pardos.

Conducta y hábitat: Vuelo vigoroso y recto. Especie escasa en la provincia. Reserva Natural Estricta Otamendi e isla Martín García.

Obs: Su nombre vulgar deriva del científico, *Ciprina* es uno de los nombres otorgados a la diosa Venus.

Ciprina*
Phoebis neocypris (Fabricius, 1793)

Pieridae : Coliadinae

Adult: 66 mm • **Short tail** • <u>**Male**</u>: DS yellow • VS greenish yellow with several reddish brown spots and lines • HW have two silvered spots on DC • <u>**Female**</u>: Similar, but paler yellow • FW have brown apex and beauty spot on DC.

Behavior and habitat: Vigorous and straight flight. Limited species in Buenos Aires Province, found in Otamendi Natural Reserve and Martín García Island.

(*) Common name used in the study area, which derives from the scientific name. *Ciprina* is one of Venus gooddess' names.

Macho FD /
Male DS

Hembra FD /
Female DS

Hembra FD /
Female DS

171

Yema
Phoebis argante (Fabricius, 1775)

Pieridae : Coliadinae

Adulto: 60 mm • **Macho**: FD amarillo anaranjada, con pequeñas manchas marginales negras en los márgenes externos • FV amarillas con muchas manchas dispersas, de distintos tamaños y formas, pardas • **Hembra**: más pálida • FD con manchas mayores y lunar pardo en el ápice de la CD de las AA.

Conducta y hábitat: Vuelo vigoroso y recto. Especie escasa en la provincia, hallada en matorrales de la isla Martín García.

Obs: El nombre vulgar es debido a la coloración de sus alas, similar a la de la yema del huevo de gallina. Nombre vulgar portugués *gema de ovo*.

Argante Giant Sulphur
Phoebis argante (Fabricius, 1775)

Pieridae : Coliadinae

Adult: 60 mm • **Male**: DS orange yellow, with small black spots on outer margins • VS yellow, with dispersed brown spots of different size and shape. • **Female**: paler, with bigger spots on DS • FW have brown beauty spot at the apex of DC.

Behavior and habitat: Vigorous and straight flight. Uncommon species in Buenos Aires province, found in scrublands of Martín García Island.

Note: Spanish local name *yema* (=yolk) alludes to the wings coloration. Portuguese common name *gema de ovo* (yolk).

Faz dorsal / *Dorsal surface*

Faz ventral / *Ventral surface*

Hoja Amarilla
Phoebis trite (Linnaeus, 1758)

Pieridae : Coliadinae

Adulto: 68 mm • FD amarilla • FV pardo amarillenta, con una línea medial longitudinal parda • Margen posterior de AA amarillo.

Conducta y hábitat: Vuelo vigoroso y recto. Frecuenta matorrales y bosques. Hallada en la isla Martín García.

Obs: La denominación *hoja amarilla* se debe al diseño y coloración de la faz ventral de sus alas. Esto le permite, cuando posa con las alas plegadas, pasar inadvertida entre la vegetación, por su parecido con una hoja seca.
Algunos investigadores lo colocan en el género *Rabdodryas*.

Yellow Leaf*
Phoebis trite (Linnaeus, 1758)

Pieridae : Coliadinae

Adult: 68 mm • DS yellow • VS yellowish brown, with longitudinal median brown line • FW have yellow posterior margin.

Behavior and habitat: Vigorous and straight flight. Frequent in scrubs and woods. Found in Martín García Island.

(*) Literal translation from Spanish common name *hoja amarilla* (*hoja:* leaf, *amarilla*: yellow), refers to the peculiar pattern and coloration of VS similar to a dead leaf, visible when the butterfly rests with the wings folded so that they blend into the vegetation background and become unseen to predators.
Some researchers place it in the genus *Rabdodryas*.

Faz dorsal / *Dorsal surface*

Faz ventral / *Ventral surface*

Limoncito
Eurema deva (Doubleday, 1847)

Pieridae : Coliadinae

Adulto: 36 - 45 mm, tamaño variable • FD amarilla con ápice negro en las AA • **FV** amarilla, AA con ápice pardo rojizo • **AP con guiones costal** y posmediales, **pardo rojizos**.

Conducta y hábitat: Vuelo vigoroso, a veces en fila. Frecuenta matorrales, pastizales incluso serrano, pradera ribereña, médanos, bosques y parques. Especie muy común en la provincia.

Obs: Su nombre vulgar deriva de asociar la coloración de sus alas con el color de este cítrico. Nombre vulgar portugués *canarinho* (canarito)

Small Lemon*
Eurema deva (Doubleday, 1847)

Pieridae : Coliadinae

Adult: 36 - 45 mm, variable size • DS yellow with black apex of FW • **VS** yellow, with reddish brown apex of FW • **HW have reddish brown costal** and postmedian **hyphens**.

Behavior and habitat: Vigorous flight, sometimes in row. Very common in Buenos Aires province, usually found in scrublands, grassy areas (even on high land), coastal meadows, sand banks, woods and gardens.

(*) Literal translation from Spanish common name *limoncito* (= small lemon fruit) which refers to the wings coloration. Portuguese common name *canarinho* (canary).

Faz dorsal / *Dorsal surface*

Faz ventral / *Ventral surface*

Faz ventral /
Ventral surface

Limoncito Dos Puntos

Eurema leuce (Boisduval, 1836)

Pieridae : Coliadinae

Adulto: 40 mm • **Macho**: **FD amarilla** • AA con ápice negro • **FV** amarillo verdosa • AA con ápice pardo rojizo • **AP** con manchas dispersas y **dos puntos mediales pardo oscuros** • **Hembra**: similar, pero **FV con ápice de APA pardo rojizos**.

Conducta y hábitat: Presente en matorrales y pastizales. Poco frecuente en distintos puntos de la provincia, muchas veces confundida con *limoncito* (*Eurema deva*).

Obs: El nombre vulgar se debe al color de sus alas y las dos pequeñas manchas de la FV de las AP.

Two Dots Small lemon*

Eurema leuce (Boisduval, 1836)

Pieridae : Coliadinae

Adult: 40 mm • **Male**: **DS yellow** • FW have black apex • **VS** greenish yellow • FW have reddish brown apex • **HW** have **dark brown** dispersed spots and **two median dots** • **Female**: similar • **VS reddish brown at the apex of BPW**.

Behavior and habitat: Uncommon species in many sites of Buenos Aires province, frequent in scrubs and grassy areas. Usually confused with *small lemon* (*Eurema deva*).

(*) Literal translation from Spanish common name *limoncito dos puntos* (*limoncito*: small lemon fruit, *dos*: two, *puntos*: dots) which refers to the wings greenish yellow coloration and the two dark brown dots on VS of HW.

Faz dorsal / *Dorsal surface*

Macho FV /
Male VS

Hembra FV /
Female VS

Alba

Eurema albula (Cramer, 1775)

Pieridae : Coliadinae

Adulto: 40 - 44 mm • **AA redondeadas** • **FD blanca con ápice de AA negro** • FV variable, blanca o amarillenta en las AP y el ápice AA • AP con algunas manchas dispersas pardo oscuras.

Conducta y hábitat: Vuelo errático. Frecuenta pastizales húmedos, praderas ribereñas y matorrales en cercanías de cursos de agua, donde es una especie común. Reserva Natural Punta Lara, Reserva Estricta Otamendi, isla Martín García.

Obs: Su nombre vulgar se debe a la coloración blanca de sus alas.

Alb*

Eurema albula (Cramer, 1775)

Pieridae : Coliadinae

Adult: 40 - 44 mm • **FW round** • **DS white, black at the apex of FW** • VS variable, with white or yellowish HW and FW apex • HW have some dispersed dark brown spots.

Behavior and habitat: Erratic flight. Common species in moist grasslands, coastal meadows and scrubs close to streams. Punta Lara Natural Reserve, Otamendi Natural Reserve, Martín García Island.

(*) Literal translation from Spanish common name *alba* (= alb, white, daybreak) which alludes to the wings white coloration.

Faz dorsal / *Dorsal surface*

Faz ventral / *Ventral surface*

Faz ventral /
Ventral surface

Rayas Blancas
Thecla thargelia Burmeister, 1878

Lycaenidae : Theclinae

Adulto: 32 - 36 mm • AP con delgada cola • **Macho**: Cuerpo pardo, parte inferior del abdomen anaranjada • FD pardo oscura • AA con gran estigma azul oscuro • AP con línea marginal negra y submarginal blanca en el ángulo anal • **FV pardo oscura con líneas blancas submarginal y posmedial** • AP con dos líneas blancas cerca del margen anal. Línea marginal y cola negras. Tres lunares negros en la base de la cola, anillados de anaranjado • **Hembra**: Similar, pero sin estigma.

Conducta y hábitat: Matorrales de las islas del Delta. Especie poco común en la provincia.

Obs: Su nombre vulgar se debe al diseño de la FV de sus alas. En la actualidad, algunos investigadores están trabajando para lograr su correcta ubicación taxonómica. Algunos piensan que puede pertenecer a algún género existente (*Theritas*, *Paiwarria* o *Bussa*), mientras que otros consideran que debe ubicarse en un género nuevo.

White Stripes*
Thecla thargelia Burmeister, 1878

Lycaenidae : Theclinae

Adult: 32 - 36 mm • HW have thin tail • **Male**: Brown body, orange abdomen below • DS dark brown • FW have a big dark blue stigma • HW have marginal black line and submarginal white line in anal angle • **VS dark brown with white submarginal and postmedian lines** • HW with two white lines near to anal margin. Marginal black line and tail also black . Three black dots orange rounded, at base of tail • **Female**: Similar, but without stigma.

Behavior and habitats: Scrublands in islands of Delta. Uncommon species in Buenos Aires province.

Note: At the moment some investigators are working to update its taxonomic location. Some think that it can belong to some existent genus (*Theritas*, *Paiwarria* or *Bussa*). Others think that an own genus should be created.

(*) Literal translation from Spanish common name *rayas blancas* (*rayas*: stripes, *blancas*: white) which refers to the pattern on VS of BPW.

Macho FD /
Male DS

Macho FV / *Male VS*

Hembra FD /
Female DS

Toba

Tigrinota ellida toba (Hayward, 1949)

Lycaenidae : Theclinae

Adulto: 25 - 29 mm • AP con lóbulo anal pequeño y cola de 3
   mm • **Macho**: **FD** azul brillante, AA con mitad distal y AP
   con márgenes negros. **Orlas ocráceas • FV pardusca con
   amplios márgenes externos ocre rojizos** • AA con franjas longitudinales pardo rojizas bordeadas de blancuzco
   basal, posbasal, medial y posmedial. • **AP pardas con base
   y franja longitudinal pardo rojizas** • **Hembra**: Similar,
   FD más clara.

Conducta y hábitat: Frotado. Frecuenta matorrales ribereños del
   nordeste de la provincia hasta La Plata. Especie común.

Obs: Su nombre vulgar deriva del científico. Algunos investigadores
   la ubican en el género *Arawacus*.

Toba

Tigrinota ellida toba (Hayward, 1949)

Lycaenidae : Theclinae

Adult: 25 - 29 mm • HW have anal lobe and 3 mm tail • **Male**: **DS**
   shiny blue, distal half of FW and HW have black margins.
   Ochraceous fringes • **VS brownish, with wide reddish
   ochre outer margins** • FW have longitudinal reddish
   brown, white-edged bands (basal, postbasal, median and
   postmedian) • **HW brown, reddish brown at the base,
   with a longitudinal reddish brown band** • **Female**: Similar, DS lighter.

Behavior and habitat: Rubbing. Common species in coastal scrubs
   of northeastern Buenos Aires Province to La Plata.

Note Their Spanish common name refers to their scientific name.
   Some researchers that it can belong to genus *Arawacus*.

Macho FD /
Male DS

Faz ventral / *Ventral surface*

Hembra FD /
Female DS

Azul Banda Recta
Rekoa malina (Hewitson, 1869)

Lycaenidae : Theclinae

Adulto: 32 mm • AP con lóbulo anal y cola de 2 mm • FD celeste, con amplios márgenes negruzcos y orlas ocráceas • AA con estigma pardusco en el macho • FV parda con márgenes externos ocráceos • **APA con tres franjas rectas longitudinales y guión en el ápice de la CD, pardo oscuros**.

Conducta y hábitat: Frotado mientras liba. Especie común en matorrales ribereños del nordeste. Berisso, Magdalena.

Obs: Su nombre vulgar se debe al diseño de la FV de sus AA. Muchas veces confundida con la *azul banda curva (Rekoa palegon)*.

Straight Band Blue*
Rekoa malina (Hewitson, 1869)

Lycaenidae : Theclinae

Adult: 32 mm • HW have anal lobe and 2 mm tail • DS sky-blue, with wide blackish margins and ochraceous fringes • Males FW have brownish stigma • **VS** brown, with ochraceous outer margins • **BPW have three straight and longitudinal dark brown bands, dark brown hyphen at the apex of DC**.

Behavior and habitat: They rub while sucking. Common species in coastal scrubs of northeastern Buenos Aires province. Berisso, Magdalena.

(*) Literal translation from Spanish common name *azul banda recta* (*azul*: blue, *banda*: band, *recta:* straight) refers to the peculiar pattern on VS of FW. Many times this species is confused with *curve band blue (Rekoa palegon)*.

Macho FD /
Male DS

Faz ventral /
Ventral surface

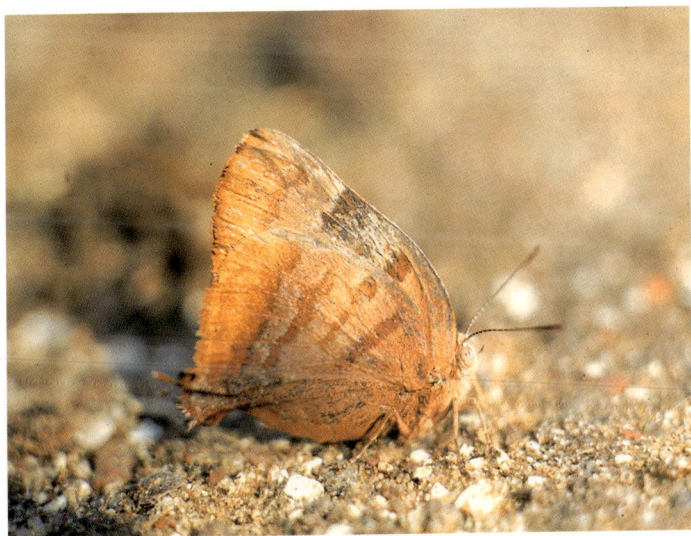

Nubilum

Gigantorubra nubillum (Druce,1907)

Lycaenidae : Theclinae

Adulto: 24 mm • Dos colas de 3,5 y 1,5 mm • **FD parda** • **AP con una líneas submarginales negra distal y celeste proximal**, en el ángulo anal se agrega una celeste marginal • **FV parda** • AA con línea posmedial negra, bordeada en distal de blanco y en proximal de anaranjado inconspicuo. Línea posmedial longitudinal parda, inconspicua • **AP con** dos manchas anaranjadas en el ángulo anal. **Línea zigzagueante posmedial negra, bordeada de blanco en distal y de anaranjado en proximal**. Línea posmedial anaranjada esfumada, y línea submarginal negra, en el ángulo anal bordeada en proximal de blanco.

Conducta y hábitat: Realiza el frotado de sus AP mientras liba. Frecuenta matorrales. Reserva Natural Punta Lara.

Obs: Su nombra vulgar deriva del científico.

Nubilum*

Gigantorubra nubillum (Druce, 1907)

Lycaenidae : Theclinae

Adult: 24 mm • Two tails 3,5 and 1,5 mm • **DS brown** • **HW have submarginal distal black line and proximal sky-blue line**, another sky-blue line on the anal angle • **VS brown** • FW have postmedian black line, distally white-edged, proximally orange-edged. Incosnpicuous postmedian longitudinal brown line • **HW have** two orange spots on the anal angle. **Zigzag postmedian black line, distally white-edged, proximally orange-edged**. Postmedian stumped orange line. Submarginal black line on the anal angle, proximal white-edged.

Behavior and habitat: Rubbing. Frequent in scrubs. Punta Lara Natural Reserve.

(*) Their Spanish common name refers to their scientific name.

Faz dorsal / *Dorsal surface*

Faz ventral / *Ventral surface*

Esmeralda
Cyanophrys acastoides (Berg, 1882)

Lycaenidae : Theclinae

Adulto: 25 - 27 mm • Pequeñas colas, una es gruesa • Cuerpo azul en la parte superior, cabeza y parte inferior pardas • **Macho**: FD azulado brillante con márgenes negruzcos • AP con lóbulo anal ocráceo y margen anal gris • **FV verde pardusca, sin diseño**. Nervaduras pardas • **Hembra**: similar, pero con FD celeste pardusca.

Conducta y hábitat: Frotado mientras liba. Frecuenta matorrales del nordeste de la provincia.

Obs: La denominación *esmeralda* se debe a la coloración verde de la FV de sus alas.

Emerald*
Cyanophrys acastoides (Berg, 1882)

Lycaenidae : Theclinae

Adult: 25 - 27 mm • Small tails, one of them thick • Head brown, body blue above, brown below • **Male**: DS shiny blue with blackish margins • HW have ochraceous anal lobe and gray anal margin • **VS brownish green**, with brown veins • **Female**: similar, but DS brownish sky-blue.

Behavior and habitat: They rub while sucking. Frequent in scrubs of northeastern Buenos Aires province.

(*) Literal translation from the Spanish local name *esmeralda* (=emerald) refers to the uniform green coloration on VS lacking of peculiar pattern.

Macho FD /
Male DS

Hembra FD /
Female DS

Faz ventral /
Ventral surface

Esmeralda Doble Línea
Cyanophrys remus (Hewitson, 1868)

Lycaenidae : Theclinae

Adulto: 26 - 30 mm • **Macho:** FD azul brillante, con márgenes negros • **FV verde con base pardo oscura** •AA con margen posterior pardusco • **AP con** margen externo pardo oscuro. **Línea medial sinuosa pardo oscura bordeada de plateado** • **Hembra**: FD azul celeste, con mitad apical de AA y márgenes externos de APA, pardos.

Conducta y hábitat: Frotado mientras liba. Matorrales ribereños e incluso jardines. Reserva Natural Punta Lara. Especie común en el nordeste de la provincia.

Obs: *Esmeralda* deriva del color de la FV de sus alas. *Doble línea* se refiere al diseño plateado y pardo de la FV de sus AP.

Double Line Emerald*
Cyanophrys remus (Hewitson, 1868)

Lycaenidae : Theclinae

Adult: 26 - 30 mm • **Male:** DS bright blue, black margins • **VS green, dark brown at the base** • FW have brownish posterior margin • **HW have** dark brown outer margin. **Median sinuous dark brown, silver-edged line** • **Female:** DS sky-blue, with brown apical half of FW and outer margins of BPW.

Behavior and habitat: They rub while sucking. Common species in northeastern Buenos Aires province. Coastal scrubs and gardens. Punta Lara Natural Reserve.

(*) Literal translation from Spanish common name *esmeralda doble línea* (*esmeralda*: emerald, *doble*: double, *línea*: line) refers to the green coloration on wings VS and the silver-brown pattern on HW.

Macho FD /
Male DS

Hembra FD /
Female DS

Faz ventral /
Ventral surface

Banda de Plata

Chlorostrymon simaethis (Drury, 1770)

Lycaenidae : Theclinae

Adulto: 20 - 27 mm • Cola 2 mm, negra con ápice blanco • Cuerpo pardo en la parte superior, grisáceo en la inferior • **Macho**: FD negruzca, con brillo violáceo y orlas celestes en AP • **FV verde con franja sinuosa posmedial plateada**, bordeada de pardo rojizo • AA con margen posterior gris y línea marginal pardo anaranjada • **AP con** margen externo gris pardusco, **línea submarginal y mancha en el ángulo anal pardo rojizas** con algunas manchas celestes • **Hembra**: similar, con FD negruzca con celeste difuso en base de AP.

Conducta y hábitat: Realiza el frotado de sus AP mientras liba. Matorrales floridos. Especie común en el nordeste de la provincia de Buenos Aires.

Obs: Su nombre vulgar deriva de la línea plateada que surca la FV de APA.

Silver-banded Hairstreak

Chlorostrymon simaethis (Drury, 1770)

Lycaenidae : Theclinae

Adult: 20 - 27 mm • Black tail, white at the apex, 2 mm • Body brown above, grayish below • **Male**: DS blackish, with violaceous brightness and light blue fringes on HW • **VS green, with postmedian sinuous silvered**, reddish brown-edged, **band** • FW have gray posterior margin and orange brown marginal line • **HW have** brownish gray outer margin, **reddish brown submarginal line and spot on the anal angle**, with some light blue spots • **Female**: similar, DS blackish, diffuse light blue at the base of HW.

Behavior and habitat: Rubbing while they suck. Common species in flowery scrubs in northeastern Buenos Aires province.

Note: The common name derives from the silvered line on VS of BPW.

Macho FD / *Male DS*

Faz ventral / *Ventral surface*

Frotadora

Strymon eurytulus (Hübner, 1819)

Lycaenidae : Theclinae

Adulto: 20 - 30 mm • Cola 2 mm, negruzca con ápice blanco • Cuerpo gris en la parte superior y blancuzco en la inferior • **Macho**: Parte superior del abdomen anaranjada • FD pardo oscura, con estigma negruzco. Ángulo anal celeste con dos lunares negros • FV pardo grisácea • AA con lunares posmediales negros y submarginales pardos, poco marcados • **AP con manchas dispersas** mediales y algunas posbasales, **anaranjadas, bordeadas de blanco hacia distal y de negro hacia proximal**. Línea marginal negra y mancha naranja con lunar negro, en el nacimiento de la cola, otra mancha similar en el ángulo anal • **Hembra**: Sin estigma, abdomen pardusco en la parte superior.

Conducta y hábitat: Frota sus alas posteriores mientras liba. Frecuenta matorrales y pastizales, incluso de altura. Especie común en gran parte de la provincia.

Obs: Su nombre vulgar se debe al peculiar comportamiento que desarrolla mientras liba.

Rubber*

Strymon eurytulus (Hübner, 1819)

Lycaenidae : Theclinae

Adult: 20 - 30 mm • Tail 2 mm, blackish, with white apex • Body gray above, whitish below • **Male**: Orange upper portion of the abdomen • DS dark brown, with blackish stigma. Light blue anal angle with two black spots • VS grayish brown • FW have postmedian black beauty spots and submarginal few marked brown beauty spots • **HW have dispersed orange, distally white-edged, proximally black-edged spots** (median and postbasal). Marginal black line and orange spot with black lunar at the beginning of the tail and other similar spot on the anal angle • **Female**: Lacking stigma, brownish upper portion of the abdomen.

Behavior and habitat: Rubbing. Common species in many sites of Buenos Aires province. Frequent in scrubs and grasslands, even on high land.

(*) Literal translation from Spanish common name *frotadora* (= rubber), refers to peculiar behavior while they suck.

Hembra FD /
Female DS

Faz ventral / *Ventral surface*

Frotado /
Rubbing

Azul del Camará
Strymon bazochii (Godart, 1822)

Lycaenidae : Theclinae

Adulto: 20 - 28 mm • **AP sin cola**, con lóbulo anal • **Macho**: FD negruzca, con orlas blancas • AA con estigma negro y franja submarginal apical blanca • AP con mitad distal azul. Lunar negro submarginal • **FV pardo grisácea** • **AA con ápice pardusco, franjas blanca y pardo ocrácea subapicales** • **AP con base blancuzca**, mancha costal ocrácea bordeada de negruzco y blanco. **Franja medial ocrácea**, • **Hembra**: Similar, FD más clara.

Conducta y hábitat: Frecuenta matorrales floridos. Reserva Natural Costanera Sur, Reserva Natural Punta Lara.

Obs: El nombre vulgar se debe a que el *camará* (*Lantana camara*) es su planta hospedadora.

Smaller Lantana Butterfly
Strymon bazochii (Godart, 1822)

Lycaenidae : Theclinae

Adult: 20 - 28 mm • **HW lacking of tail**, with anal lobe • **Male**: DS blackish, with white fringes • FW have black stigma and submarginal white band near the apex • HW have blue distal half. Submarginal black beauty spot • **VS grayish brown** • **FW have brownish apex, subapical white and ochraceous brown bands** • **HW have whitish base** and ochraceous, blackish and white-edged costal spot. **Median ochraceous band** • **Female**: Similar, DS lighter.

Behavior and habitat: Frequent in flowery scrubs. Costanera Sur Natural Reserve, Punta Lara Natural Reserve.

Note: Both the Spanish common name *azul del camará* and the English *smaller lantana butterfly* refer to the host plant (*Lantana camara*).

Macho FD / *Male DS*

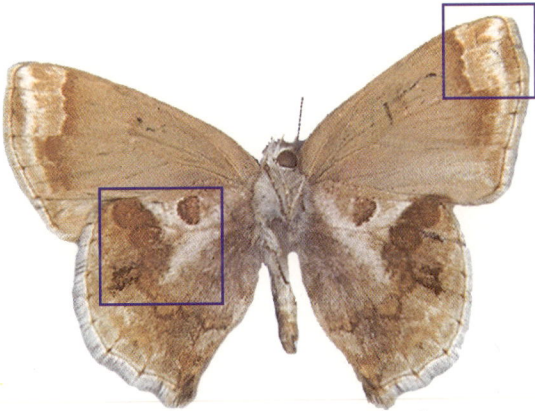

Faz ventral / *Ventral surface*

Frotadora Manchada
Strymon canitus (H. H. Druce, 1907)

Lycaenidae : Theclinae

Adulto: 23 mm • AP con dos colas • **Macho**: FD negruzca con orlas blancuzcas • AA base azul brillante y estigma negro • AP con tercio distal azul brillante y lunar negro en el margen externo • **FV** pardo grisácea con línea submarginal pardo oscura • **AA con** dos hileras de manchas pardas sobre fondo blancuzco. **Hilera de manchas posmedial y una aislada en la CD, pardas bordeadas de pardo oscuro • AP con** ancho margen externo grisáceo. Dos lunares negros bordeados de anaranjado en el ángulo anal. **Hilera posmedial y posbasal de manchas pardas bordeadas de pardo oscuro • Hembra**: similar, sin estigma.

Conducta y hábitat: Frota sus alas posteriores mientras liba. Frecuenta matorrales desde el nordeste de la provincia hasta la Reserva Natural Punta Lara.

Obs: Su nombre vulgar deriva de su conducta defensiva de frotado y el diseño de la FV de sus alas.

Spotted Rubber*
Strymon canitus (H. H. Druce, 1907)

Lycaenidae : Theclinae

Adult: 23 mm • HW have two tails • **Male**: DS blackish, with whitish fringes • FW have shiny blue base and black stigma • HW shiny blue on the distal third with black beauty spot on the outer margin • **VS** grayish brown with submarginal dark brown line • **FW have** two rows of brown spots over a whitish ground-colour. **Postmedian row of brown, dark brown-edged spots and another similar isolated row on DC • HW have** wide grayish outer margin. Two black, orange-edged beauty spots on the anal angle. **Postmedian and postbasal brown, dark brown-edged row of spots. Female**: similar, lacking of stigma.

Behavior and habitat: These butterflies rub their HW while they suck. It frequents in scrubs from northeastern Buenos Aires province to Punta Lara Natural Reserve.

(*) Literal translation from Spanish common name *frotadora manchada (frotador/a*: rubbed, *manchada*: spotted) refers to the defensive behavior of rubbing and the wings pattern on VS.

Macho FD / *Male DS*

Faz ventral / *Ventral surface*

Cobriza
Ministrymon sanguinalis (Burmeister, 1878)

Lycaenidae : Theclinae

Adulto: 20 - 22 mm • AP con pequeño lóbulo anal • **Macho**: Cabeza y cuerpo pardo grisáceos, abdomen naranja en la parte superior • FD parda. Orlas blancas manchadas de pardo. AA con estigma negro • **FV** pardo grisácea • AA con hileras posmedial y submarginal de manchas pardo cobrizas. Lúnulas marginales y mancha en el ápice de la CD blancuzcas • **AP con manchas dispersas** blancas y **rojo cobrizas** • **Hembra**: Abdomen gris en la parte superior. Sin estigma en las AA.

Conducta y hábitat: Frotado. Presente en matorrales con flores del nordeste de la provincia hasta la Reserva Natural Punta Lara. Especie muy escasa.

Obs: Su nombre vulgar se debe a las manchas de color tan particular en la FV de sus alas.

Coppery*
Ministrymon sanguinalis (Burmeister, 1878)

Lycaenidae : Theclinae

Adult: 20 - 22 mm • HW have a little anal lobe • **Male**: Head and body grayish brown, abdomen orange above • DS brown. White fringes with brown spots. FW have black stigma • **VS** grayish brown • AA have postmedian and submarginal row of brownish copper spots. White submarginal lunules and apex of DC • **AP with dispersed** white and **copper-red spots** • **Hembra**: Abdomen gray above. FW lacking of stigma.

Behavior and habitat: Rubbing. Uncommon species in Buenos Aires province. It frequents flowery scrubs from northeast to Punta Lara Natural Reserve.

(*) Literal translation from Spanish common name *cobriza* (*cobrizo/a*: coppery) refers to the peculiar spots coloration on wings VS.

202

Faz ventral / *Ventral surface*

Macho FD /
Male DS

Calicopis Grande

Calycopis gigantea Johnson, Eisele et MacPherson, 1988

Lycaenidae : Theclinae

Adulto: 25 - 29 mm • AP con dos colas pequeñas, negras con ápice blanco • **Macho**: **FD negruzca. AP con mancha azul brillante. Lunar anaranjado en el ángulo anal** • **FV parda** • AA con línea posmedial negra, bordeada en distal de blanco y en proximal de anaranjado • **AP con** dos manchas anaranjadas en el ángulo anal. **Línea zigzagueante posmedial negra, bordeada de blanco en distal y de anaranjado en proximal** • **Hembra**: similar, pero mancha azul mayor en la FD de las AP

Conducta y hábitat: Especie común en matorrales ribereños.

Obs: Algunos investigadores consideran que la especie presente en Buenos Aires sólo es una subespecie o forma de *Calycopis caulonia* (Hewitson, 1877).

Big Calicopis*

Calycopis gigantea Johnson, Eisele et MacPherson, 1988

Lycaenidae : Theclinae

Adult: 25- 29 mm • HW have two small black tails, white at the apex • **Male**: **DS blackish. HW have shiny blue spot. Orange beauty spot on the anal angle** • **VS brown** • FW have postmedian black, distally white-edged, proximally orange-edged spot • **HW have** two orange spots on the anal angle. **Zigzag postmedian black, distally white-edged, proximally orange-edged line** • **Female**: similar, but with blue spot bigger on FD of HW.

Behavior and habitat: Common species in scrublands from northeastern Buenos Aires province to Punta Lara Natural Reserve and Martín García Island.

Note: Some researchers consider the species present in Buenos Aires as a subspecies or form of *Calycopis caulonia* (Hewitson, 1877).

(*) Literal translation from Spanish common name *calicopis grande* (*calicopis*: refers to its scientific name, *grande*: big).

Faz dorsal / *Dorsal surface*

Faz ventral / *Ventral surface*

Azul Lilácea
Leptotes cassius (Cramer 1775)

Lycaenidae : Polyommatinae

Adulto: 22 - 28 mm • Cuerpo pardo en la parte superior, blanco en la inferior • **Macho**: **FD azul violácea en AA**, base y margen externo de AP. Nervaduras y anchos márgenes pardos, orlas blancas • AP con lúnulas y lunares submarginales pardos • FV blanca, con franjas cortas y sinuosas dispersas pardas. Lúnulas y lunares submarginales pardos. AP con puntos azules submarginales en el ángulo anal • **Hembra**: con similar diseño, pero la **FD con azul violáceo limitado a la base de APA**.

Conducta y hábitat: Vuelo bajo. Frecuenta matorrales y en ocasiones pastizales. Frotado mientras liba. Reserva Natural Costanera Sur, isla Martín García, La Plata.

Cassius Blue
Leptotes cassius (Cramer 1775)

Lycaenidae : Polyommatinae

Adult: 22 - 28 mm • Body brown above, white below • **Male**: **DS violaceous-blue on FW**, base and outer margin of HW. Brown veins and wide margins, white fringes • HW have submarginal brown lunules and beauty spots • VS white, with short and sinuous dispersed brown bands. Submarginal brown lunules and beauty spots. HW have submarginal blue dots on the anal angle • **Female**: similar pattern, **DS violaceous-blue only at he base of BPW**.

Behavior and habitat: Low height flight. They rub while sucking. Frequent in scrubs and sometimes in grasslands. Costanera Sur Natural Reserve, Martín García Island, La Plata.

Note: The common name refers to the wings violaceous-blue coloration and the specific epithet *cassius*.

Macho FD / *Male DS*

Hembra FD /
Female DS

Faz ventral /
Ventral surface

Líneas Brillantes
Chalodeta theodora (C. et R. Felder, 1862)

Riodinidae : Riodinidae: Riodinini

Adulto: 16 - 20 mm • AA falcadas • Cuerpo pardo oscuro • **Macho**:
FD pardo oscura con hilera submarginal de lunares negros.
**APA con franja posmedial y línea submarginal celeste bri-
llante** • AP con orlas blancas • FV parda, con hilera submarginal de lunares pardo oscuros. APA con guiones dispersos
pardo oscuros • AP con orlas blancas • **Hembra**: FD pardo
oscura con hilera submarginal de lunares pardo oscuros. **APA
con líneas submarginal y posmedial azul brillante**. Guiones dispersos pardo oscuros • AP con orlas blancas.

Conducta y hábitat: Especie muy escasa. Islas del Delta.

Obs: Su nombre vulgar es debido al llamativo diseño de la FD de sus
alas.

Shiny Lines*
Chalodeta theodora (C. et R. Felder, 1862)

Riodinidae : Riodinidae: Riodinini

Adult: 16 - 20 mm • FW almost sickle shaped • Body dark brown •
Male: DS dark brown with row of submarginal dark brown
beauty spots. **BPW have postmedian brilliant green band,
and submarginal brilliant green line** • HW have white fringes
• VS brown, with submarginal row of dark brown beauty spots.
BPW have dark brown scattered hyphens • HW with white
fringes • **Female**: DS dark brown with submarginal row of
blackish beauty spots. **BPW have submarginal and
postmedian brilliant blue lines**. Blackish scattered hyphens
• HW with white fringes.

Behavior and habitat: Very uncommon species. Islands of Delta.

(*) Literal translation from Spanish common name *líneas brillantes* (*líneas*: lines, *brillantes*: shiny) which alludes
to the wings white coloration.

Macho FD / *Male DS*

Hembra FD /
Female DS

Faz ventral /
Ventral surface

Danzarina Grande

Riodina lycisca lysistratus Burmeister, 1878

Riodinidae : Riodininae : Riodinini

Adulto: 35 mm • Pequeño lóbulo en el margen externo de las AP • Cuerpo pardo, cabeza anaranjada • **Macho**: FD pardo oscura con nervaduras pardo claras. **Franja oblicua anaranjado amarillenta, medial en AA** [y lunar en el ángulo anal] • FV similar • **Hembra**: similar, pero más clara y con lóbulo en AP mayor.

Conducta y hábitat: Sedentaria. Posa con las alas extendidas. Matorrales ribereños del Nordeste de la provincia.

Obs: Su nombre vulgar se debe a su actitud de girar sobre los vegetales sobre los que se posa, quedando muchas veces cabeza hacia abajo.

Big Dancer*

Riodina lycisca lysistratus Burmeister, 1878

Riodinidae : Riodininae : Riodinini

Adult: 35 mm • Outer margin of HW have small lobe • Brown body, orange head • **Male**: DS dark brown, with light brown veins. **FW with diagonal yellowish orange band** [and beauty spot on the anal angle] • VS similar • **Female**: similar, lighter, with bigger lobe in HW.

Behavior and habitat: Sedentary. Rest with the wings unfolded or extended. In coastal scrubs of northeastern Buenos Aires Province.

(*) Literal translation from Spanish common name *danzarina grande* (*danzarina*: dancer, *grande*: big) refers to the behavior of turning and walking all over the host plants, many times hanging upside down.

Faz dorsal / *Dorsal surface*

Faz dorsal / *Dorsal surface*

Danzarina Chica
Riodina lysippoides Berg, 1882

Riodinidae : Riodininae : Riodinini

Adulto: 28 mm • Pequeño lóbulo en el margen externo de las AP • Cabeza y cuerpo pardos, collar anaranjado • **Macho**: FD pardo oscura. **APA con franja oblicua anaranjado amarillenta** • FV similar, pero más clara, con venas pardo claras y pequeñas manchas anaranjadas en la base de APA • **Hembra**: Con similar diseño, pero más clara.

Conducta y hábitat: Sedentaria. Posa con las alas extendidas. Frecuenta matorrales ribereños y cercanía de cursos de agua del Nordeste de la provincia, en donde es común. Isla Martín García, Reserva Natural Punta Lara, Magdalena.

Obs: Su nombre vulgar se debe a su actitud de girar sobre los vegetales sobre los que se posa, quedando muchas veces cabeza hacia abajo.

Small Dancer*
Riodina lysippoides Berg, 1882

Riodinidae : Riodininae : Riodinini

Adult: 28 mm • HW have small lobe on the anal angle • Brown body and head, orange necklace • **Male**: DS dark brown. **BPW have diagonal yellowish orange band** • FV similar, lighter, with light brown veins and small orange spots at the base of BPW • **Female**: Similar pattern, lighter.

Behavior and habitat: Sedentary. Rest with the wings unfolded or extended. Commonly found in northeastern Buenos Aires province, in coastal scrubs and near to streams. Martín García Island, Punta Lara Natural Reserve, Magdalena.

(*) Literal translation from Spanish common name *danzarina chica* (*danzarín/a*: dancer, *chico/a*: small) refers to the peculiar behavior of turning and walking over the plants, many times hanging upside down.

Faz dorsal / *Dorsal surface*

Girando sobre una flor, quedando cabeza hacia abajo / *Turning over a flower, hanging upside down*

Faz ventral / *Ventral surface*

Acróbata Rojiza
Emesis russula Stichel, 1910

Riodinidae : Riodininae : Emesidini

Adulto: 47 mm • Cabeza y cuerpo pardo rojizos en la parte superior, pardo amarillentos en la inferior • **Macho: FD pardo rojiza oscura.** Hilera de líneas basal, posbasal y medial pardo oscuras. Lúnulas y lunares submarginales pardo oscuros. **Líneas costales grises • FV pardo algo anaranjada, con guiones dispersos pardo rojizos • Hembra**: similar, pero más clara.

Conducta y hábitat: Posa muchas veces cabeza hacia abajo con las alas desplegadas. Especie común en la provincia de Buenos Aires. Frecuenta matorrales ribereños y cercanos a la costa del mar. Atalaya, Reserva Natural Punta Lara, Miramar. Especie común.

Obs: El nombre vulgar se debe a su forma particular de posar en la vegetación y coloración.

Reddish Acrobat*
Emesis russula Stichel, 1910

Riodinidae : Riodininae : Emesidini

Adult: 47 mm • Head and body reddish brown above, yellowish brown below • **Male**: **DS dark reddish-brown.** Rows of lines basal, postbasal and median dark brown. Submarginal lunules and beauty dots dark brown. **Costal grey lines • VS brown, quite orange, with dispersed reddish brown hyphens • Female**: similar, lighter.

Behavior and habitat: Usually rest with the head downward and the wings unfolded. Common species in Buenos Aires province, frequent in coastal scrubs and sea coast. Atalaya, Punta Lara Natural Reserve, Miramar.

(*) Literal translation from Spanish common name *acróbata rojiza* (*acróbata*: acrobat, *rojiza*: reddish) refers to the peculiar way of resting on the plants and colouring.

Faz dorsal /
Dorsal surface

Faz ventral /
Ventral surface

Posada cabeza abajo /
*Rest with the head
downward*

Acróbata Parda

Emesis tenedia ravidula Stichel, 1910

Riodinidae : Riodininae : Emesidini

Adulto: 45 mm • Cabeza y cuerpo pardos en la parte superior, pardo amarillentos en la inferior • **Macho**: **FD parda**. Hilera de líneas basal, posbasal y medial pardo oscuras. Lúnulas y lunares submarginales pardo oscuros • **FV pardo amarillenta con** similar diseño pardo. **Lunares marginales pardos** • **Hembra**: similar, pero más clara.

Conducta y hábitat: Posa muchas veces cabeza hacia abajo con las alas desplegadas. Sedentaria. Matorrales ribereños del Nordeste de la provincia. Reserva Estricta Otamendi, isla Martín García.

Obs: El nombre vulgar se debe a su forma particular de posar en la vegetación y a la coloración de sus alas.

Brown Acrobat*

Emesis tenedia ravidula Stichel, 1910

Riodinidae : Riodininae : Emesidini

Adult: 45 mm • Head and body brown above, yellowish brown below • **Male**: **DS brown.** Rows of lines basal, postbasal and median dark brown. Submarginal lunules and beauty dots dark brown • **VS yellowish brown**, similar brown pattern. **Submarginal brown beauty dots** • **Female**: similar, lighter.

Behavior and habitat: Usually rest with the head downward and the wings unfolded. Sedentary. Coastal scrubs of Northeast Buenos Aires Province. Otamendi Natural Reserve, Martín García Island.

(*) Literal translation from Spanish common name *acróbata parda* (*acróbata*: acrobat, *parda*: brown) refers to the peculiar way of resting on the plants and colouring.

Faz dorsal / *Dorsal surface*

Faz ventral / *Ventral surface*

Acróbata Morena
Emesis ocypore zelotes Hewitson, 1872

Riodinidae : Riodininae : Emesidini

Adulto: 35 mm • Cabeza y cuerpo pardo oscuros • **Macho**: **FD pardo oscura**, con franjas posbasal y posmedial gris oscuras bordeadas de negruzco. **Lúnulas y lunares submarginales negruzcos** • FV similar, más clara • **Hembra**: FD parda con franjas posbasal y medial, lúnulas y lunares submarginales pardo oscuros • FV similar pero más clara.

Conducta y hábitat: Sedentaria, posa con las alas desplegadas. Frecuenta matorrales. Ramallo.

Obs: El nombre vulgar se debe a su forma particular de posar en la vegetación y a la coloración de sus alas.

Dark Acrobat*
Emesis ocypore zelotes Hewitson, 1872

Riodinidae : Riodininae : Emesidini

Adult: 35 mm • Head and body dark brown • **Male**: **DS dark brown**, with postbasal and postmedian dark gray, black-edged bands. **Submarginal blackish lunules and beauty spots** • VS similar, lighter • **Female**: DS brown, with dark brown bands (postbasal and median) and sumarginal lunules and beauty spots • VS similar, lighter.

Behavior and habitat: Sedentary, rest with the wings unfolded or extended. Frequent in scrubs. Ramallo.

(*) Literal translation from Spanish common name *acróbata morena* (*acróbata*: acrobat, *moreno/a*: dark), refers o the peculiar way of resting on the plants and colouring.

218

Faz dorsal / *Dorsal surface*

Faz ventral / *Ventral surface*

Jaguar Amarilla
Ematurgina bifasciata (Mengel, 1902)

Riodinidae: Riodininae : Lemoniini

Adulto: 27 mm • Cabeza y abdomen amarillos, tórax pardo • **Macho**: **FD** parda. **Franjas amarillas** posbasal y posmedial interrumpida (de ancho y tonalidad muy variables). **Lunares submarginales amarillos** • FV similar, pero más clara • **Hembra**: similar, pero con diseño amarillento.

Conducta y ambientes: Posa con las alas plegadas. Sedentaria. Especie no común en Buenos Aires, frecuenta pastizales, incluso de altura. Tandil, islas del Delta.

Obs: Su nombre vulgar se debe a su diseño y coloración.

Yellow Jaguar*
Ematurgina bifasciata (Mengel, 1902)

Riodinidae: Riodininae : Lemoniini

Adult: 27 mm • Head and abdomen yellow, brown thorax • **Male**: **DS** brown. **Yellow postbasal and postmedian bands** (variable wide and tonality). **Submarginal yellow beauty spots** • VS similar, lighter • **Female**: similar, with yellowish pattern.

Behavior and habitats: Rest with the wings folded, not extended. Sedentary. Uncommon species in Buenos Aires province, frequent in grassland, even on high land. Tandil, islands of Delta.

(*) Literal translation from Spanish common name *jaguar amarilla* (*yaguar:* jaguar, *amarilla*: yellow) refers to peculiar pattern and colouration.

Faz dorsal /
Dorsal surface

Faz dorsal. Forma
frecuente en el Delta del
Paraná (¿*E. mabillei?*) /
*Dorsal surface.Frequent
form in Delta of Paraná
(E. mabillei?)*

Faz dorsal /
Dorsal surface

Colage de Susana

Audre susanae (Orfila, 1953)

Riodinidae : Riodininae : Lemoniini

Adulto: 27 - 35 mm • **Macho**: **FD anaranjado pardusca, con orlas blancas manchadas de pardo** • **AA con** manchas dispersas y franja submarginal pardas. **Mancha costal posmedial blanca** • **AP con** ápice, costa **lunares submarginales pardos** • **FV con orlas blancas manchadas de pardo** • AA con similar diseño, pero con manchas blancas dispersas • **AP** pardo oscuras **con** manchas **submarginales blancas. Franja**s blanca**s**, una posbasal y **dos mediales cortas**, que a veces se tocan • **Hembra**: Similar, pero más clara.

Conducta y ambientes: Posa con las alas plegadas. Sedentaria. Frecuenta pastizales. Endémica de las sierras de Tandil. Las orugas se alimentan de *yerba de la víbora* (*Asclepias campestris*) y conviven con hormigas (especie mirmecófila).

Susane´s Patchwork*

Audre susanae (Orfila, 1953)

Riodinidae : Riodininae : Lemoniini

Adult: 27 - 35 mm • **Male**: **DS brownish orange, with white fringes spotted with brown** • **FW have** brown dispersed spots and submarginal band. **Postmedian costal white spot** • **HW have brown submarginal beauty spots**, apex and costa • **VS have white fringes spotted with brown** • FW have similar pattern, with dispersed white spots • **HW** dark brown, **with submarginal white spots. White bands** (one postbasal and **two short median** sometimes connected) • **Female**: Similar, lighter.

Behavior and habitats: Rests with the wings folded, not extended. Sedentary. Frequent in grasslands. Endemic of Tandil's hills. Caterpillars live together with ants (myrmecopily species). Host plant *Asclepias campestris.*

(*) Literal translation from Spanish local name refers to peculiar pattern and scientific name.

Macho FD /
Male DS

Macho FV /
Male VS

Hembra FD /
Female DS

Hembra FV /
Female VS

Colage Parda
Audre gauchoana (Stichel, 1910)

Riodinidae : Riodininae : Lemoniini

Adulto: 30 mm • **FD** de color variable • **AA pardo oscuras con hilera de manchas submarginales** y unas pocas posbasales **pardo anaranjadas**. Hilera de manchas blancas posmedial, que forma un semicírculo irregular • AP pardo oscuras con franja marginal y pocas manchas posmediales pardo anaranjadas. Lunares submarginales pardos • **FV de** AA similar, pero más clara • **AP parda, con puntos dispersos pardo claros**.

Conducta y hábitat: Sedentaria, posa con las alas plegadas. Frecuenta pastizales. Bolívar, Tandil, Reserva Natural Punta Lara, Parque Provincial Ernesto Tornquist.

Obs: Su nombre vulgar se debe al diseño de la FD de sus alas, mientras que el término *parda* se debe al color de la FV de sus AP.

Brown Patchwork*
Audre gauchoana (Stichel, 1910)

Riodinidae: Riodininae: Lemoniini

Adult: 30 mm • **DS** of colour variable • **FW dark brown with row of submarginal orange brown spots** and some few postbasal ones. Row of postmedian white spots that forms a irregular semicircle • HW dark brown with marginal brown orange band and few postmedian brown orange spots. Submarginal brown beauty spots • **VS of** FW similar, but lighter • **HW brown, with light brown dispersed dots**.

Behavior and habitat: Sedentary, rest with wings folded. Frequent in grasslands. Bolívar, Tandil, Punta Lara Natural Reserve, Ernesto Tornquist Provincial Park.

(*) Literal translation from Spanish local name *colage parda* (*colage:*patchwork, *parda*: brown) refers to peculiar coloration of HW in their VS.

Faz dorsal / *Dorsal surface*

Faz dorsal /
Dorsal surface

Faz ventral / *Ventral surface*

Colage Común
Audre epulus signata (Stichel, 1910)

Riodinidae : Riodininae : Lemoniini

Adulto: 20 - 29 mm • **Macho**: **FD pardo oscura** con orlas blancas manchadas de pardo. Franja submarginal pardo anaranjada con lunares pardo oscuros • **AA con hilera de manchas blancas posmedial irregular. Zonas basal y posbasal con manchas blancas** o blancuzcas • **AP con hilera transversal medial de manchas blancas** • FV de AA parda con franjas y manchas blancas • AP con mitad proximal blancuzca con manchas pardas bordeadas de negro y franja transversal medial blanca. Mitad distal parda con lunares submarginales pardo oscuros y lúnulas grisáceas • **Hembra**: Similar, **FD de AA con hilera de manchas pardo anaranjadas posmedial irregular. Zona basal y posbasal con manchas pardo anaranjadas • AP con hilera transversal medial de manchas pardo anaranjadas**.

Conducta y hábitat: Sedentaria, posa con las alas plegadas. Frecuenta pastizales. Especie común en la provincia.

Obs: Su nombre vulgar se debe al diseño de la FD de sus alas. Las orugas conviven con hormigas (especie mirmecófila). Planta hospedadora *alverjilla* (*Vicia graminea*)

Common Patchwork*
Audre epulus signata (Stichel, 1910)

Riodinidae: Riodininae: Lemoniini

Adult: 20 - 29 mm • **Male**: **DS dark brown** with white fringes spotted with brown. Submarginal orange band with row of dark brown beauty spots • **FW have postmedian row of white irregular spots. Basal and postbasal areas with white** or whitish **spots** • **HW with median traverse row of white spots** • VS of FW brown with white bands and spots • HW distally whitish with edged-black brown spots and median transversal white band. Proximally brown, with submarginal dark brown beauty spots and grayish lunules • **Female**: Similar, **DS of FW have postmedian irregular row of orange brown spots. Basal and postbasal areas have brown orange spots • HW with median transverse row of orange brown spots.**

Behavior and habitat: Sedentary, rest with wings folded. Frequent in grasslands. Common species in Buenos Aires Province.

(*) Literal translation from Spanish common name *colage común* (*colage:*patchwork, *común*: common) refers to peculiar coloration of their DS Caterpillars living together with ants (myrmecopily species). Host plant *Vicia graminea*.

Macho FD /
Male DS

Macho FV /
Male VS

Hembra FD /
Female DS

Hembra FV /
Female VS

Colage Meridional
Audre cosquinia (Giacomelli, 1928)

Riodinidae : Riodininae : Lemoniini

Adulto: 23 - 29 mm • **FD pardo oscura** con orlas blancas manchadas de pardo. Franja submarginal pardo anaranjada con lunares pardo oscuros • **AA con manchas costales mediales blancas** y manchas dispersas pardo anaranjadas • **AP con franja medial pardo anaranjada** • FV de AA parda con manchas dispersas pardo anaranjadas, blancas y pardo oscuras • **AP con** lunares submarginales pardos. **Franja medial irregular blanca, bordeada en distal de pardo oscuro esfumado.**

Conducta y hábitat: Sedentaria. Pastizales de la zona serrana y en la zona biogeográfica del espinal, en su sector sur, donde predomina el *caldén*.

Obs: El nombre vulgar se debe al diseño de su FD y a que es la especie de este género que más al sur se encuentra en Buenos Aires.

Southern Patchwork*
Audre cosquinia (Giacomelli, 1928)

Riodinidae : Riodininae : Lemoniini

Adult: 23 - 29 mm • **DS dark brown,** white fringes spotted with brown. Submarginal orange brown band with dark brown beauty spots • **FW have median costal white spots**, and orange brown scattered spots • **HW have median orange brown band** • VS of FW brown with orange brown scattered, white and dark brown spots • **HW have** submarginal brown beauty spots. **Irregular median white band, dark brown distal edged band.**

Behavior and habitat: Sedentary. Prefers grasslands in mountainous areas, and in biogeographical zone espinal, in the southern sector where *caldén* is present.

(*) Literal translation from Spanish common name *colage meridional* (*colage*: patchwork, *meridional*: southern) refers to the pattern of their DS, and because this is the most southern species of this genus in Buenos Aires province.

Faz dorsal / *Dorsal surface*

Faz ventral / *Ventral surface*

Colage Uruguaya

Audre erycina (Schweizer et Kay, 1941)

Riodinidae : Riodininae : Lemoniini

Adulto: 30 - 36 mm • FD pardo oscura con orlas blancas manchadas
. de pardo. Franja submarginal pardo anaranjada con lunares
pardo oscuros • AA con hilera irregular posmedial de manchas blancas. Base pardo anaranjada • AP con franja transversal medial pardo anaranjada • **FV con hilera submarginal de lunares pardos anillados de blanco o pardo claro**.
Orlas blancas manchadas de pardo oscuro • AA parda con
manchas dispersas pardo anaranjadas, pardo oscuras e hilera
irregular posmedial de manchas blancas. • AP pardo oscuras, con franja transversal medial blanca. Base blancuzca con
manchas pardo claras anilladas de pardo oscuro.

Conducta y hábitat: Sedentaria. Pastizales de la isla Martín García.
Especie escasa en Buenos Aires.

Obs: El nombre vulgar se debe al diseño de su FD y a que la patria de
origen es Uruguay.

Uruguayan Patchwork*

Audre erycina (Schweizer et Kay, 1941)

Riodinidae : Riodininae : Lemoniini

Adult: 30 - 36 mm • DS dark brown, with white fringes spotted with
brown. Submarginal orange brown band with dark brown
beauty spots • FW have irregular postmedian row of white
spots. Orange brown at base • HW have median transverse
orange brown band • **VS have submarginal row of brown
beauty spots with brown or white ring**. White fringes spotted
with dark brown • FW brown with orange brown scattered
and dark brown, postmedian transversal irregular white band.
Whitish base with dark brown-edged light brown spots.

Behavior and habitat: Sedentary. Uncommon species in Buenos Aires province, grasslands of Martín García Island.

(*) Literal translation from Spanish common name *colage uruguaya* (*colage*: patchwork, *uruguaya*: Uruguayan) refers to the
pattern of their DS, and their origin homeland.

Faz dorsal /
Dorsal surface

Faz dorsal /
Dorsal surface

Faz ventral /
Ventral surface

Riodínido Polilla
Adlerotypa tinea (Bates, 1868)

Riodinidae : Riodininae : Nymphidiini

Adulto: 24 mm • Cabeza y cuerpo pardo en la parte superior, grisáceos en la inferior • **FD** parda **con manchas y puntos** dispersos **negruzcos bordeados de parduzco**. **Punto medial costal blanco**, y dos mediales parduscos • FV similar, pero más clara

Conducta y hábitas: Sedentaria, revolotea en el estrato herbáceo. Nordeste de la provincia, Zárate, Luján.

Obs: Su nombre vulgar se refiere al científico, ya que *tinea* significa polilla, debido a su coloración parda y hábitos de vuelo.

Moth Riodinid*
Adlerotypa tinea (Bates, 1868)

Riodinidae : Riodininae : Nymphidiini

Adult: 24 mm • Head and body brown above, grayish below • **DS** brown, **with dispersed brownish-edged blackish spots and dots**. **Median costal white dot**, and another two median brown ones • VS similar, but lighter.

Behavior and habitat: Sedentary, fluttering over the herbaceous vegetation. Northeast of Buenos Aires province, Zárate, Luján.

(*) Literal translation from Spanish common name *riodínido polilla* (*riodínido:* riodinid, refers to Riodinidae family, *polilla*: moth) refers to its scientific name (*tinea* : moth). This is due to its brown colour and kind of flight.

Faz dorsal, sin AA izquierda /
Dorsal, surface, without left FW

Faz ventral, sin AA izquierda /
Ventral surfac, without left HW

Picuda
Libytheana carinenta (Cramer, 1777)
Nymphalidae : Libytheinae

Adulto: 41 - 48 mm • **AA con ápice truncado**, AP festoneadas. **Palpos labiales muy largos** (6 mm) • FD parda, base de APA pardo anaranjada • AA con cuatro manchas blancas (tres mediales y una subapical) • FV similar en las AA. AP gris plateadas.

Conducta y hábitat: Vuelo quebrado. Posa con las alas plegadas, incluso en hilos de alambrado. Se camufla entre ramas secas y evita producir sombras. En talares, es una especie común en la provincia de Buenos Aires. Sus plantas hospedadoras pertenecen al género *Celtis*.

Obs: Su nombre vulgar se debe al tamaño se sus palpos labiales. Otros nombres vulgares son *trompuda, trompa de elefante, mariposa elefante* y en portugués *bicuda*.

Southern Snout
Libytheana carinenta (Cramer, 1777)
Nymphalidae : Libytheinae

Adult: 41 - 48 mm • **FW have truncated apex**, HW scalloped. **Very long labial palpi** (6 mm) • DS brown, BPW orange brown at base • FW have four white spots (three median and one subapical) • VS with FW similar, HW silver gray.

Behavior and habitat: Broken flight. Rest with their wings folded, even on a wire fence. It is camouflaged among dry branches and it avoids producing shades. Common species in Buenos Aires province in *tala* woods. Their host plants belong to genus *Celtis*.

Note: All their common names refer to the size of their labial palipi. Another Spanish common names are *trompuda, mariposa elefante* and t*rompa de elefante*. Portuguese common name *bicuda*.

Faz dorsal / *Dorsal surface*

Faz ventral / *Ventral surface*

Zafiro
Doxocopa laurentia (Godart, 1824)

Nymphalidae : Apaturinae

Adulto: 45 - 55 mm • **AA con ápice truncado**, AP con rudimentaria cola • **Macho**: **FD negra con franja longitudinal azul verdosa brillante** • AA con tres puntos subapicales blancos • **FV gris pardusca** • AA con mancha ocre y líneas pardas y negruzcas • AP gris plateadas con línea medial pardo oscura • **Hembra**: **FD pardo oscura con ancha franja longitudinal blanca** • AA con mancha anaranjado ocrácea en el ápice. Margen externo con línea anaranjado pardusca. Lúnula celeste en el ángulo anal • FV similar a la del macho.

Conducta y hábitat: Vuelo deslizante. Frecuenta talares. Sus plantas hospedadoras pertenecen al género *Celtis*.

Obs: Su nombre vulgar se debe a la coloración del macho.

Sapphire*
Doxocopa laurentia (Godart, 1824)

Nymphalidae : Apaturinae

Adult: 45 - 55 mm • **FW with truncated apex**, HW have rudimentary tail • **Male**: **DS black with longitudinal brillant greenish blue band** • FW have three subapicla white dots • **VS brownish gray** • FW have ochre spot. Brown and blackish lines • HW silver gray with median dark brown line • **Female**: **DS dark brown with white wide longitudinal band** • FW with orange ochraceus spot in apex. Outer margin have brownish orange line. Pale blue lunule on anal angle • VS similar to the male.

Behavior and habitat: Sliding flight. Tala woods. Their host plants belong to genus *Celtis*.

(*) Literal translation from Spanish common name *zafiro* (*safiro*: sappher) refers to the male coloration.

236

Macho FD/
Male DS

Hembra FD/
Female DS

Hembra /
Female

237

Índigo
Doxocopa kallina (Staudinger, 1886)

Nymphalidae : Apaturinae

Adulto: 42 - 52 mm • AA con ápice truncado, AP con rudimentaria cola • **Macho**: FD azul brillante • AA con ápice y margen externo pardos. Franja submarginal pardusca. Tres lunares costales posmediales blancos. Hilera medial de manchas liláceas. AP con orlas y margen anterior pardos • **FV de AA** parda, con margen externo pardo rojizo. Manchas dispersas blancas y pardo oscuras. **Base pardo ocrácea con manchas pardo oscuras • AP pardo grisáceas. Margen anal azulado • Hembra**: FD de AA pardo oscura con base pardo clara. Lúnulas submarginales pardas e hileras de manchas posmedial y medial blancuzcas • AP con línea submarginal y lúnulas posmediales pardas.

Conducta y hábitat: Vuelo deslizante. Prefiere ambientes con *talas* (*Celtis tala*), su planta hospedadora. Escasa en Buenos Aires, San Pedro.

Obs: Su nombre vulgar se refiere a la coloración del macho.

Indigo*
Doxocopa kallina (Staudinger, 1886)

Nymphalidae : Apaturinae

Adult: 42 - 52 mm • FW with truncated apex, HW have rudimentary tail • **Male**: DS brilliant blue • FW have apex and outer margin brown. Submarginal brownish band. Three costal postmedian white dots. Medial row of lilac spots. HW with brown fringes and costa • **VS of FW** brown, with brown reddish outer margin. White and brown sprinkled spots. **Ochraceus brown base with dark brown spots • HW grayish brown. Anal margin bluish • Female**: DS of FW dark brown, light brown base. Submarginal brown lunules. Median and postmedian row of whitish spots • HW have a submarginal brown line and lunules.

Behavior and habitat: Sliding flight. Tala woods. Their host plants belong to genus *Celtis*. Scarce in Buenos Aires province, San Pedro.

(*) Spanish common name refers to male coloration.

Macho FD /
Male DS

Macho FV /
Male VS

Hembra FD
Female DS

239

Syma

Adelpha syma (Godart, 1824)

Nymphalidae : Biblidinae : Limenitidini

Adulto: 45 mm • **AA con ápice redondeado** • FD pardo oscura con franja longitudinal blanca • AA con mancha anaranjado ocrácea en el ápice • AP con mancha anaranjado ocrácea en el ángulo anal • **FV con franjas longitudinales blancas, pardas y ocráceas**. Líneas negras.

Conducta y hábitat: Vuelo deslizante. **Territorial**. Frecuenta bosques ribereños. Abundante en la Reserva Natural Punta Lara, en zarzales (*Rubus* sp.)

Obs: Su nombre vulgar se refiere al científico.

Syma*

Adelpha syma (Godart, 1824)

Nymphalidae : Biblidinae : Limenitidini

Adult: 45 mm • **FW have rounded apex** • DS dark brown with white longitudinal band • FW have ochraceus orange spot on the apex • HW have ochraceus orange spot on anal angle • **VS have white, brown and ochraceus longitudinal bands.** Black lines.

Behavior and habits Sliding flight. **Territorial**. Frequent in riverside forests. Common species in Punta Lara Natural Reserve, in bramble patches (*Rubus* sp.)

(*) Spanish local name refers to its scientific name.

Zea
Adelpha zea (Hewitson, 1850)

Nymphalidae : Biblidinae : Limenitidini

Adulto: 42 - 52 mm • **AA con ápice redondeado**, AP festoneadas • FD pardo oscura con franja longitudinal blanca, **que en las AA es cruzada por una línea pardo oscura** • AA con mancha anaranjado ocrácea en el ápice • AP con mancha anaranjado ocrácea en el ángulo anal • FV blancuzca • AA con líneas submarginal, posmedial y posbasal pardo oscuras. Dos franjas en la CD y franja posmedial cerca del tornus ocráceas. CD con una "V" negra • **AP con franjas posbasal y posmedial ocráceas bordeadas de pardo oscuro. Entre la última y el margen externo, nervaduras y lúnulas pardo oscuras**.

Conducta y hábitat: Vuelo deslizante. Territorial. Islas del Delta, en expansión.

Obs: Su nombre vulgar deriva del científico.

Zea*
Adelpha zea (Hewitson, 1850)

Nymphalidae : Biblidinae : Limenitidini

Adult: 42 - 52 mm • **FW have rounded apex**, HW scalloped • DS dark brown with white longitudinal band, **that in FW is crossed by a dark brown line** • FW have ochraceus orange spot on apex • HW with ochraceus orange spot on anal angle • VS whitish • FW have submarginal, postmedian and postbasal dark brown lines. Two ochraceus bands on DC and ochraceus postmedian band near the tornus. DC have a black "V" • **HW with postbasal and postmedian dark brown edge ochraceus bands. Among the last one and the outer margin, dark brown veins and lunules**.

Behavior and habitat: Sliding flight. Territorial. Islands of the Delta, in expansion.

(*) Spanish common name refers to its scientific name.

Faz dorsal / *Dorsal surface*

Faz ventral / *Ventral surface*

Ochenta

Diaethria candrena (Godart, 1824)

Nymphalidae : Biblidinae : Biblidini

Adulto: 35 - 40 mm • **FD negra**, **APA con base azul violácea**. Orlas blancas con manchas negras • AA con franja subapical blanca • AP con franja submarginal verde azulada brillante • **FV de AA con mitad proximal roja**, franja posmedial y margen externo negros. Apice con dos líneas negras que contienen una mancha celeste • AP grisáceas bordeadas por tres líneas negras, en el centro el diseño de un "80" en negro.

Conducta y hábitat: Vuelo deslizante. Posa a más de dos metros de altura, muchas veces para libar de heridas de los árboles, o en el piso barroso. Bosque ribereño, donde es común, incluso durante el invierno. Reserva Natural Punta Lara, isla Martín García.

Obs: Su nombre vulgar proviene del diseño de la FV de sus AP.

Eighty*

Diaethria candrena (Godart, 1824)

Nymphalidae : Biblidinae : Biblidini

Adult: 35 - 40 mm • **DS black**, **BPW violaceous blue at base**. White fringes spotted with black • FW have subapical white band • HW with submarginal brilliant bluish green band • **VS of FW with proximal half red**, postmedian black band, and outer margin black. Apex with two black lines that contain a light blue spot • HW grayish skirted by three black lines, in the centre the design of a black "80".

Behavior and habitat: Sliding flight. Perches at more than two meters high, many times they suck from cuts in the bark of trees, or on the muddy floor. Riverside forests, where it is a common species, even during the winter. Punta Lara Natural Reserve, Martín García Island

(*) Literal translation from Spanish common name *ochenta* (= eighty) refers to the pattern of their HW.

Faz ventral /
Ventral surface

Faz dorsal /
Dorsal surface

Gota de Luz
Dynamine myrrhina (Doubleday, 1849)

Nymphalidae : Biblidinae : Biblidini

Adulto: 35 mm • **FD blanca** • **AA con** costa ocrácea, ápice y ancho margen externo negruzcos. Mancha en el ápice de la CD negruzca. **Franja** paralela a la costa **azul brillante** • **FV** blanca • **AA con** franja paralela a la costa y **mancha en el ápice de la CD ocráceas con mancha azul brillante**. Franja submarginal pardo rojiza • AP con punto ocráceo en la CD.

Conducta y hábitat: Vuela a escasa altura. Claros de selvas iluminados. Especie común en la isla Martín García. Citada hace unos 40 años atrás en Punta Lara, donde no se ha podido hallar nuevamente hasta el momento.

Drop Light*
Dynamine myrrhina (Doubleday, 1849)

Nymphalidae : Biblidinae : Biblidini

Adult: 35 mm • **DS white** • **FW** ochraceus on costa. Blackish apex and wide outer margin. Apex of DC have blackish spot. Parallel to costa, **brilliant blue band** • **VS** white • **FW have**, parallel to costa, **ochraceus band with brilliant blue spots**. **Apex of DC have ochraceus spot with brilliant blue spot**. Submarginal reddish brown band • HW with ochraceus dot on DC.

Behavior and habitat: It flies at low height. Sunlit clearings of forests. Common species in Martín García Island. Was mentioned 40 years ago in Punta Lara, where up to now it has not been possible to find it again.

(*) Literal translation from Spanish local common *gota de luz* (*gota*: drop, *luz*: light) refers to its coloration.

Faz dorsal / *Dorsal surface*

Faz ventral / *Ventral surface*

Marfil

Eunica eburnea Fruhstorfer, 1907

Nymphalidae : Biblidinae : Biblidini

Adulto: 50 - 53 mm • **AA con ápice redondeado y margen externo recto**, AP festoneadas • **FD de AA con** base gris plateada y ancha franja medial blanca con nervaduras pardas, separadas por línea parda, con una saliente hacia distal. Tercio distal negruzco, con manchas blancas en el margen externo. **Cuatro manchas subapicales blancas** •AP gris plateadas. Línea submarginal y manchas marginales pardas • **FV de AA con** base pardo grisácea, **línea posbasal parda**, franja blanca medial, posmedial parda y ápice grisáceo • **AP grisáceas, muy salpicadas de pardo**, con línea irregular y corta, parda e hilera posmedial de ocelos inconspicuos.

Conducta y hábitat: Vuelo vigoroso, a más de dos metros de altura. Con las alas plegadas semeja una hoja seca. Frecuenta bosques ribereños. Reserva Natural Punta Lara, incluso durante el invierno. Delta e isla Martín García.

Obs: Su nombre vulgar deriva del científico, ya que *ebúrneo* significa marfil o semejante a él.

Ivory*

Eunica eburnea Fruhstorfer, 1907

Nymphalidae : Biblidinae : Biblidini

Adult: 50 - 53 mm • **FW have rounded apex, and right outer margin**, HW scalloped • **DS of FW have** silver gray base and median wide white band, with brown veins, separated by brown line, with a distal salient. Third distal blackish, with white spots in the outer margin. **Four subapical white spots** • HW silver gray. Submarginal brown submarginal line and marginal brown spots • **VS of FW with** base grayish brown, **postbasal brown line**, median white band, postmedian brown band and grayish apex • **HW grayish, very splashed with brown**, irregular and short brown line. Postmedian row of unconspicuous eyespots.

Behavior and habitat: Vigorous flight, to more than two meters high. With the folded wings it looks like a dry leaf. It frequents riverside forests. Punta Lara Natural Reserve, even during the winter, Delta and Martín García Island.

(*) Literal translation from Spanish common name *marfil* (= ivory) refers to its coloration.

Faz dorsal / *Dorsal surface*

Faz ventral / *Ventral surface*

Alas Sangrantes

Biblis hyperia nectanabis (Fruhstorfer, 1909)

Nymphalidae : Biblidinae : Biblidini

Adulto: 55 - 60 mm, AP festoneadas • **FD negruzca** • **AP con franja submarginal roja** • FV similar, pero más clara • AP con lunares rojos basales.

Conducta y hábitat: Vuelo deslizante. Mientras se asolea mueve lentamente las alas, como abanicándose. Frecuenta bosques ribereños del nordeste de la provincia. Reserva Natural Punta Lara, Reserva Natural Costanera Sur e isla Martín García.

Obs: El nombre vulgar fue adjudicado debido a las franjas rojas de las alas posteriores, que semejan, mientras la mariposa vuela, heridas sangrantes.

Crimson-banded Black

Biblis hyperia nectanabis (Fruhstorfer, 1909)

Nymphalidae : Biblidinae : Biblidini

Adult: 55 - 60 mm, HW scalloped • **DS blackish** • **HW have submarginal red band** • FV similar, but lighter • HW have basal red beauty spots.

Behavior and habitat: Sliding flight. While they sunbathe they move their wings slowly, as if fanning themselves. Frequent in riverside forests of the Northeast of Buenos Aires province. Punta Lara Natural Reserve, Costanera Sur Natural Reserve and Martín García Island.

Note: *Crimson-banded* refers to the peculiar red band on black background. The Spanish common name *alas sangrantes* (*alas*: wings, *sangrantes*: bleeding) alludes to the same pattern.

Faz dorsal / *Dorsal surface*

Faz ventral / *Ventral surface*

Clic Lúnulas Rojas

Hamadryas februa (Hübner, 1823)

Nymphalidae : Biblidinae: Biblidini

Adulto: 58 - 71 mm • Cuerpo pardo en la parte superior, blancuzco en la inferior • **FD** parda o pardo grisácea, con manchas dispersas celestes y blancuzcas • AA con franja costal posbasal pardo rojiza. Hilera submarginal de ocelos • **AP con hilera submarginal de ocelos con lúnulas basales pardo rojizas** • FV blancuzca, orlas manchadas de pardo • AA con manchas dispersas pardas y lunares blancos submarginales • AP con línea transversal medial parda. Hilera de ocelos submarginales con lúnulas basales pardo rojizas.

Conducta y hábitat: Posa sobre los troncos de los árboles, con las alas desplegadas y muchas veces cabeza abajo. Emite un ruido parecido a un chasquido cuando mueve las alas, tal vez con fines de demarcación territorial. Bosques húmedos y selvas. Muy escasa en la provincia de Buenos Aires, hallada en la isla Martín García. En Argentina sólo *H. f. februa*.

Obs: Su nombre vulgar es debido al peculiar sonido que emite y a su coloración.

Red Lunules Click*

Hamadryas februa (Hübner, 1823)

Nymphalidae : Biblidinae : Biblidini

Adult: 58 - 71 mm • Head and body brown above, whitish below • **DS** brown or greyish brown, sky-blue and whitish scattered spots • FW have postbasal costal reddish brown band. Row of submarginal eyespots • **HW have row of submarginal eyespots with reddish brown basal lunules** • VS whitish, fringes spotted with brown • FW have brown scattered spots and submarginal white beauty spots • HW have median transversal brown line. Submarginal eyespots row with reddish brown basal lunules.

Behavior and habitat: Perched upside down on the bark of trees, with their wings spread. Produce sharp "click" when they stir from their tree trunk positions, perhaps to demarcate their territory. Very scarce in Buenos Aires province, found in moist woods and forests of Martín García Island.In Argentina only *H. f. februa*

(*) Literal translation from Spanish local name *clic lúnulas rojas* (*clic*: click, *lúnulas*: lunules, *rojas*: red) refers their reddish lunules in DS and peculiar noise that they make.

Faz dorsal / *Dorsal surface*

Faz ventral / *Ventral surface*

Clic Rojiza
Hamadryas amphione (Linnaeus, 1758)

Nymphalidae : Biblidinae: Biblidini

Adulto: 50 - 70 mm • Cuerpo negro con lunares celestes en la parte superior, pardo rojizo en la inferior • **FD negra con manchas y lúnulas celestes dispersas** • **AA con ancha franja medial blanca** • AP con ocelos submarginales • **FV con** orlas negras manchadas de celeste y blanco • AA negras con base rojo pardusca. Franjas medial y mancha costal blancas. Dos puntos submarginales celestes • **AP rojo parduscas con nervaduras negras**.

Conducta y hábitat: Posa sobre los troncos de los árboles, con las alas desplegadas y muchas veces cabeza abajo. Posada, emite un agudo chasquido cuando mueve las alas, tal vez con fines de demarcación territorial. Muy escasa en la provincia de Buenos Aires. Hallada en Bolívar y Las Flores.

Obs: Su nombre vulgar es debido al sonido peculiar que emite y a su coloración.

Reddish Click*
Hamadryas amphione (Linnaeus, 1758)

Nymphalidae : Biblidinae: Biblidini

Adult: 50 - 70 mm • Black body with sky-blue beauty dots above, reddish brown below • **DS black, having sky-blue scattered lunules and spots** • **FW have median wide white band** • HW have submarginal eyespots • **VS** black fringes spotted with sky-blue and white • FW black, brownish red at the base. Median white band, and costal white spot. Two submarginal sky-blue spots • **HW brownish red, black veins**.

Behavior and habitat: Perched upside down on the bark of the trees, with their wings spread. Produce sharp "click" when they stir from their tree trunk positions, perhaps to demarcate their territory. Very scarce in Buenos Aires province. Found in Bolívar and Las Flores.

(*) Literal translation from Spanish common name *clic rojiza* (*clic*: click, *rojiza*: reddish) refers their VS coloration and to the peculiar noise that they make.

Faz dorsal / *Dorsal surface*

Faz ventral / *Ventral surface*

Dama Cuatro Ojos

Vanessa carye (Hübner, 1812)

Nymphalidae : Nymphalinae : Nymphalini

Adulto: 40 - 48 mm • AA con margen externo cóncavo • FD de AA anaranjado clara, AP anaranjado parduscas. Orlas blancas con manchas pardas • AA con mitad apical, margen externo y manchas dispersas, negras • Franja posmedial anaranjada y cuatro manchas submarginales blancas • **AP con** líneas submarginales, negras y **cuatro ocelos posmediales negros con pupila celeste** • **FV** más clara • **AP** sin anaranjado, **con** intrincadas manchas y líneas en diversos tonos de pardo. **Cuatro ocelos anillados** de pardo y negro.

Conducta y hábitat: Vuelo vigoroso, deslizante. Frecuenta bosques, matorrales, pastizales (incluso serrano), médanos, pradera ribereña y jardines. Especie común en Buenos Aires, puede verse durante el invierno.

Obs: Su nombre vulgar hace referencia a los cuatro ocelos de sus AP. También se la llama *pirpinto manchado* y *dama manchada*. En Chile *mariposa colorada*.

Four Eyes Lady*

Vanessa carye (Hübner, 1812)

Nymphalidae : Nymphalinae : Nymphalini

Adult: 40 - 48 mm • FW whit outer margin concave • DS of FW light orange, HW brownish orange. White fringes with brown spots • FW have distal half and outer margin black. Black scattered spots • Postmedian orange band and four submarginal white spots • **HW have** submarginal black lines and **four postmedian black eyespots with sky-blue pupil** • **VS** lighter • **HW** without orange, **with** diverse tone of brown spots and lines. **Four eyespots** brown ringed.

Behavior and habitat: Vigorous flight, sliding. Woods, scrublands, grasslands (even on high land and riverside), sand dune, and gardens. Very common species in Buenos Aires province, even in winter.

Note: Another Spanish common names are *pirpinto manchado* and *dama manchada. Mariposa colorada* (Chile).

(*) Literal translation from Spanish common name *dama cuatro ojos* (*dama*: lady, *cuatro*: four, *ojos*: eyes) refers to four eyespots on HW.

Dama Dos Ojos
Vanessa braziliensis (Moore, 1883)

Nymphalidae : Nymphalinae : Nymphalini

Adulto: 45 - 51 mm • AA con margen externo cóncavo • **FD rosa anaranjada**, con base de APA parda, orlas anaranjadas manchadas de pardo • AA con mitad apical, margen externo y manchas dispersas, negras • Franja posmedial y otras submarginales blancas. **Punto subapical celeste • AP con** franja posmedial parda, línea submarginal y manchas marginales, negras. **Dos ocelos posmediales negros con pupila celeste •** **FV** mucho más clara • **AP** sin rosa, **con** intrincadas manchas y líneas en diversos tonos de pardo. **Dos ocelos anillados** de pardo y negro.

Conducta y hábitat: Vuelo vigoroso, deslizante. Frecuenta bosques, matorrales, pastizales (incluso serrano), médanos, pradera ribereña y jardines. Especie común en Buenos Aires.

Obs: Su nombre vulgar hace referencia a los dos ocelos de sus AP. También se la llama *pirpinto manchado* y *dama pintada*.

Two Eyes Lady
Vanessa braziliensis (Moore, 1883)

Nymphalidae : Nymphalinae : Nymphalini

Adult: 45 - 51 mm • FW whit outer margin concave • **DS orange pink**, with BPW brown at base, orange fringes spotted with brown • FW have distal half and outer margin black. Scattered black spots • Postmedian and some submarginal white bands. **Subapical sky-blue dot • HW with** postmedian brown band, submarginal black line, and marginal black spots. **Two black eyespots with sky-blue pupil • VS** ligther • **HW without pink**, **with** diverse tone of brown spots and lines. **Two eyespots** with brown and black ring.

Behavior and habitat: Vigorous flight, sliding. Woods, scrublands, grasslands (even on high land and riverside), sand dune, and gardens. Common species in Buenos Aires province.

Note: Another Spanish common names are *pirpinto manchado* y *dama pintada*.

(*) Literal translation from Spanish common name *dama dos ojos* (*dama*: lady, *dos*: two, *ojos*: eyes) refers to two eyespots on HW.

Bella

Hypanartia bella (Fabricius, 1793)

Nymphalidae : Nymphalinae : Nymphalini

Adulto: 40 - 46 mm • AA con ápice truncado y margen externo cóncavo. AP con pequeña cola • **FD anaranjado pardusca • AA con** mitad distal y franja posbasal negras. Margen externo negro. **Mancha subapical y otras posmediales blancas** • AP con guiones submarginales y posmediales negros • FV ocrácea con diseño en distintos tonos de pardo y liláceos • AA con lunar submarginal celeste.

Conducta y hábitat: Vuelo deslizante. Frecuenta matorrales con flores y jardines. Especie común en varios sitios de la provincia.

Obs: Su nombre vulgar deriva del científico.

Beautiful*

Hypanartia bella (Fabricius, 1793)

Nymphalidae : Nymphalinae : Nymphalini

Adult: 40 - 46 mm • FW have truncated apex and concave outer margin. HW with small tail • **DS brownish orange • FW have** distal half black. Postmedian black band. Outer margin black. **Subapical white spot and other white ones** • HW have submarginal and postmedian black and hyphens • VS ochraceus with different tones of brown and lilac pattern • FW have submarginal sky-blue beauty spot.

Behavior and habitat: Sliding flight. It frequents flowery scrublands and gardens. Common species in several parts of Buenos Aires province.

(*) Literal translation from Spanish common name (*bella*: beautiful) refers to its scientific epithet.

Faz dorsal / *Dorsal surface*

Faz ventral / *Ventral surface*

Pavo Real

Junonia genoveva hilaris C. et R. Felder, 1867

Nymphalidae : Nymphalinae : Kallimini

Adulto: 50 - 60 mm • **FD con** franja submarginal anaranjado pardusca • **AA pardas, con dos franjas costales anaranjado parduscas** bordeadas con líneas negras. **Dos ocelos posmediales** (uno grande y otro pequeño) **negros, con pupila celeste** • AP celeste azuladas [pardas en la forma *huebneri*]. **Dos ocelos posmediales negros, con pupila celeste, anillados de ocre** y bordeados con una línea negra • FV parda • AA con bandas anaranjado pardusca y blancuzca. Ocelo negro • AP con pequeños ocelos negros.

Conducta y hábitat: Vuelo deslizante. Frecuenta bosques, matorrales, pastizales, pradera ribereña y jardines. Especie común en Buenos Aires.

Obs: Su nombre vulgar deriva del bello diseño de sus alas, que recordaría a la cola de un pavo real. También se la llama *cuatro ojos*.

West Indian Buckeye

Junonia genoveva hilaris C. et R. Felder, 1867

Nymphalidae : Nymphalinae : Kallimini

Adult: 50 - 60 mm • **DS have** submarginal brownish orange band • **FW brown, with two** black **costal** edged **brownish orange bands**. **Two postmedian black eyespots** (big one and small one) **with sky-blue pupil** • FW bluish [brown in *huebneri* form]. **Two postmedian black eyespots with ochre ring and sky-blue pupil** • VS brown • FW have brownish orange and white bands. Black eyespot • HW have small black eyespots.

Behavior and habitat: Sliding flight. It frequents woods, scrublands, grasslands (even coastal) and gardens. Common species in Buenos Aires province.

Note: Spanish common name *pavo real*: Peacock, comes from the beautiful pattern of their wings that reminds one of the tail of a peacock. Another Spanish local name is *cuatro ojos*.

Princesa Roja

Anartia amathea roeselia (Eschscholtz, 1821)

Nymphalidae : Nymphalinae : Kallimini

Adulto: 50 mm • AA con ápice truncado y margen externo cóncavo • AP con lóbulo anal • FD pardo oscura con orlas blancas manchadas de pardo. **Franja roja medial longitudinal • AA con hilera medial de manchas y puntos posmediales blancos •** AP con manchas submarginales blancas • FV pardusca, con similar diseño blanco.

Conducta y hábitat: Vuelo deslizante. Frecuenta pastizales y matorrales del nordeste de Buenos Aires hasta Punta Lara. En ocasiones es abundante en una región, para desaparecer o ser muy escasa en el mismo sitio en las temporadas siguientes.

Red Princess*

Anartia amathea roeselia (Eschscholtz, 1821)

Nymphalidae : Nymphalinae : Kallimini

Adult: 50 mm • FW have truncated apex and concave outer margin • HW have anal lobe • DS dark brown with white fringes spotted with brown. **Median longitudinal red band • FW have medial row of white spots. Postmedian white dots •** HW with submarginal white spots • VS brownish, with similar white pattern.

Behavior and habitat: Sliding flight. It frequents grasslands and scrublands from Northeast of Buenos Aires province until Punta Lara. On occasions it is abundant in a region, to disappear or to be very scarce in the same place in the following seasons.

(*) Literal translation from Spanish local name *princesa roja* (*princesa*: princess, *roja*: red) which alludes to the wings red coloration and elegance.

Faz dorsal / *Dorsal surface*

Faz ventral / *Ventral surface*

Claudina
Tegosa claudina (Eschscholtz, 1821)

Nymphalidae : Nymphalinae : Melitaeini

Adulto: 28 - 44 mm • **FD** anaranjado amarillenta • **AA con** ápice y guiones basales pardo oscuros. **Ancho margen externo pardo oscuro**. Franja desde la mitad de la costa al tornus pardo oscura [de ella sale una franja longitudinal hacia la costa pardo oscura] • AP con margen externo y sinuosa línea submarginal e hilera de lúnulas submarginales y lunares posmediales pardo oscuros • FV similar, pero más clara. AP con diseño insconspicuo reticulado pardo.

Conducta y hábitat: Vuelo errático. Prefiere matorrales con flores. Especie común en Buenos Aires, San Isidro, Ramallo, Reserva Natural Punta Lara, Reserva Natural Estricta Otamendi, isla Martín García, etc. Suele encontrarse junto a otros integrantes de esta tribu. Muchas veces confundida con *incienso* (*Tegosa orobia*), o incluso integrantes del género *Phyciodes*.

Obs: El nombre vulgar deriva del nombre científico.

Claudina*
Tegosa claudina (Eschscholtz, 1821)

Nymphalidae : Nymphalinae : Melitaeini

Adult: 28 - 44 mm • **DS** yellow-orange • **FW have brown apex** and basal hyphens. **Wide dark brown outer margin**. From centre of to tornus, dark brown band [of its, it leaves a longitudinal dark brown band toward] • HW dark brown outer margin. Submarginal sinuous dark brown line, and submarginal row of lunules in the same colour • VS similar, but lighter. HW have brown reticular unconspicuous pattern.

Behavior and habitat: Erratic flight. It prefers flowery scrublands. Common species in Buenos Aires province. San Isidro, Ramallo, Punta Lara Natural Reserve, Otamendi Natural Reserve, Martín García Island and so on. It is usually found with other species of this tribe. Many times confused with *incienso* (*Tegosa orobia*), or even members of genus *Phyciodes*.

(*) Spanish local name derives from its scientific name.

266

Faz dorsal / *Dorsal surface*

Faz dorsal /
Dorsal surface

Incienso

Tegosa orobia (Hewitson, 1864)

Nymphalidae : Nymphalinae : Melitaeini

Adulto: 30 - 37 mm • **FD** anaranjado amarillenta • **AA con** cortas líneas basales, franja desde la mitad de la costa tornus, de la que sale una línea longitudinal a la costa, y **delgada línea marginal, parda**s. **Apice pardo con manchas anaranjado amarillentas** • AP con margen externo e hilera de lúnulas submarginales pardas • FV similar, pero más clara y AP con reticulado pardo inconspicuo.

Conducta y hábitat: Vuelo errático. Frecuenta matorrales con flores del nordeste de la provincia. Muchas veces confundida con *claudina* (*Tegosa claudina*) o con integrantes del género *Phyciodes*.

Obs: El nombre vulgar deriva del nombre científico, ya que *orobia* significa algarroba, un incienso de grano pequeños.

Incienso*

Tegosa orobia (Hewitson, 1864)

Nymphalidae : Nymphalinae : Melitaeini

Adult: 30 - 37 mm • **DS** yellowish orange • **FW have** basal brown hyphens, brown bands from centre of costa to tornus, of its, it leaves a longitudinal dark brown band, and **thin marginal brown line. Brown apex with yellowish orange spots** • HW have brown outer margin and row of submarginal brown lunules • VS similar, but lighter • HW have brown reticular unconspicuous pattern.

Behavior and habitat: Erratic flight. It frequents flowery scrublands in the NE of Buenos Aires province. Many times confused with *claudina* (*Tegosa claudina*) or even members of genus *Phyciodes*.

(*) Spanish common name derives from scientific name, *orobia*: a small grains incense.

Detalle muy importante para
diferenciarla de *Tegosa claudina* /
*Very important detail to
distinguish it of Tegosa
claudina*

Faz dorsal / *Dorsal surface*

Marroncita

Ortilia velica durnfordi (Godman et Salvin, 1879)

Nymphalidae : Nymphalinae : Melitaeini

Adulto: 30 - 35 mm • Tórax azul verdoso en la parte superior • **FD pardo oscura con manchas dispersas anaranjadas en APA**, con tonalidad y extensión muy variables • FV parda.

Conducta y hábitat: Vuelo errático. Frecuenta matorrales con flores. Especie común en Buenos Aires (isla Martín García, Reserva Natural Estricta Otamendi, Parque Ecológico - Cultural Guillermo E. Hudson, Reserva Natural Punta Lara). Suele encontrarse junto a otras especies de la misma tribu.

Obs: Su nombre vulgar se debe a la coloración predominante en sus alas. En el norte de la provincia, hasta La Plata, se pueden observar ejemplares con manchas amarillo claras en las AA, esta es una variación clinal (cambios graduales de características externas de una especie entre dos formas distintas de la misma en diferentes sitios de su área de dispersión).

Small Brown*

Ortilia velica durnfordi (Godman et Salvin, 1879)

Nymphalidae : Nymphalinae : Melitaeini

Adult: 30 - 35 mm • Thorax greenish-blue above • **DS dark brown with orange scattered spots in BPW**, with very variable tonality and extension • VS brown.

Behavior and habitat: Erratic flight. It frequents flowery scrublands. Common species in Buenos Aires Province (Martín García Island, Otamendi Natural Reserve, Ecological - Cultural Park Guillermo E. Hudson, Punta Lara Natural Reserve). It is usually found with other species of this tribe.

(*) Spanish local name refers its wing coloration. In the north of Buenos Aires province, until La Plata, it can be observed specimens with clear yellow spots in FW, this is a clinal variation (a progressive gradation from one extreme form to another from a distant area)

Faz dorsal muy variable / *Very variable dorsal surface*

Faz ventral /
Ventral surface

271

Mbatará

Ortilia ithra (Kirby, 1900)

Nymphalidae : Nymphalinae : Melitaeini

Adulto: 43 mm • **FD pardo oscura**, [con base de APA con manchas pardo anaranjada] y orlas blancas manchadas de pardo • **AA con manchas dispersas blancas** • **AP con franja oblicua medial y manchas dispersas blancas** [franja submarginal pardo anaranjada] • FV de AA con base pardo anaranjada con manchas blancas; mitad apical parda con franja submarginal y lunares blancos • AP parduscas con franja medial, hilera de lúnulas submarginales y manchas posbasales blancas. Hilera posmedial de lunares negros anillados de pardo.

Conducta y hábitat: Vuelo errático. Frecuenta matorrales con flores, cursos de agua y pastizales, incluso serranos. Especie común en casi toda la provincia, suele hallarse junto a otras especies de esta tribu. Ramallo, Baradero, Bolívar, isla Martín García, Reserva Natural Punta Lara, etc.

Obs: Su nombre vulgar es término guaraní, que significa plomiza con pequeñas líneas blancas.

Mbatará*

Ortilia ithra (Kirby, 1900)

Nymphalidae : Nymphalinae : Melitaeini

Adult: 43 mm • **DS dark brown**, [BPW have orange brown spots at base] and white fringes spotted with brown • **FW have white scattered spots** • **HW with median oblique white band, and white scattered spots** [submarginal orange brown band] • VS of FW orange brown at base, with white spots; distal half brown with submarginal white band and white beauty spots • HW brownish with median white band, row of submarginal white lunules and postbasal white spots. Postmedian row of black beauty spots 4with brown ring.

Behavior and habitat: Erratic flight. It frequents flowery scrublands, stream courses and grasslands, even in high places. Common species in almost all of Buenos Aires province, it is usually found with other species of this tribe. Ramallo, Baradero, Bolívar, Martín García Island, Punta Lara Natural Reserve and so on.

(*) Spanish local name *mbatará* is a guaraní word: lead-coloured with short white lines.

Faz dorsal / *Dorsal surface*

Forma rufocincta, FD/ *Rufocincta form, DS*

Faz ventral / *Ventral surface*

Falsa Erato

Eresia landsdorfi (Godart, 1819)

Nymphalidae : Nymphalinae : Melitaeini

Adulto: 52 - 58 mm • **FD** pardo oscura • **AA con gran mancha rojo oscura** • **AP con franja transversal** posbasal **amarilla** con nervaduras pardas • **FV** parda, ápice de APA pardo claro con nervaduras pardas • **AA con franja amarillenta de la basa al centro del ala** • **AP con costa amarillenta**, franja transversal blancuzca y algunas manchas submarginales rojo oscuras.

Conducta y hábitat: Frecuenta matorrales del nordeste de la provincia de Buenos Aires. Mimo del helicónino *erato* (*Heliconius erato phyllis*)

Obs: Su nombre vulgar se debe a su semejanza con *erato*.

False Erato*

Eresia landsdorfi (Godart, 1819)

Nymphalidae : Nymphalinae : Melitaeini

Adult: 52 - 58 mm • **DS** dark brown • **FW have a big dark red spot** • **HW have** postbasal transversal **yellow band**, with brown veins • **VS** brown, with light brown apex of BPW and brown veins • **FW have yellow band from base to center of wing** • **HW yellowish on costa**, trnsversal white band and many submarginal dark red spots.

Behavior and habitat: Scrublands of Northeastern Buenos Aires province. *Crimson-patched longwing*'s (*Heliconius erato phyllis*) mimic.

(*) Spanish local name *falsa erato* (*falsa/o*: false, *Erato*: Erato, the muse that presided over the erotic poetry), refers its resemblance to *crimson-patched longwing* (*Heliconius erato phyllis*).

Faz dorsal / *Dorsal surface*

Faz ventral / *Ventral surface*

Hortensia
Euptoieta claudia hortensia (Blanchard, 1852)
Nymphalidae : Heliconiinae : Heliconiini

Adulto: 45 - 60 mm • Cabeza y cuerpo pardos • **FD pardo anaranjada con** línea dispersas y **lunares submarginales pardo oscuros**. **APA con base parda** • AA con gruesas líneas dispersas y nervaduras pardo oscuras • FV similar, pero más clara.

Conducta y hábitat: Vuelo con planeo. Frecuenta bosques, matorrales, pastizales (incluso serrano), médanos, pradera ribereña y jardines. Especie muy común en toda la provincia. Baradero, isla Martín García, Reserva Ecológica Costanera Norte, Reserva Natural Punta Lara, Parque Provincial E. Tornquist, etc.

Obs: Su nombre vulgar deriva del científico. También se la conoce como *claudia*.

Variegated Fritillary
Euptoieta claudia hortensia (Blanchard, 1852)
Nymphalidae : Heliconiinae : Heliconiini

Adult: 45 - 60 mm • Brown head and body • **DS orange brown with** dark scattered brown lines. **Submarginal dark brown beauty spots**. **BPW brown at base** • FW have wide scattered dark brown lines, and dark brown veins • VS similar, but lighter.

Behavior and habitat: Sliding flight. It frequents woods, scrublands, grasslands (even in high places and on the coast), sand dunes and gardens. Very common species in all Buenos Aires province. Baradero, Martín García Island, Costanera Norte Ecological Reserve, Punta Lara Natural Reserve, Ernesto Tornquist Provincial Park and so on.

Note: The Spanish common name comes from the scientific name *Hortensia* is a feminine first name. Another local name is *claudia*.

Julia

Dryas iulia alcionea (Cramer, 1779)

Nymphalidae : Heliconiinae : Heliconiini

Adulto: 75 - 85 mm • AA largas y angosta, con costa convexa y margen externo cóncavo • **FD anaranjada** • **AA con ápice, franja subapical** y margen externo **negros** • AP con línea submarginal y margen externo negro. Costa amarillenta • **FV pardusca** • AA con corta línea roja basal • AP con mancha roja basal.

Conducta y hábitat: Vuelo vigoroso. Prefiere matorrales con flores y claros de bosques. Reserva Natural Punta Lara, Reserva Ecológica Costanera Sur. Sus plantas hospedadoras son *Passifloraceae*.

Obs: Su nombre vulgar deriva del epíteto específico *iulia*.

Julia

Dryas iulia alcionea (Cramer, 1779)

Nymphalidae : Heliconiinae : Heliconiini

Adult: 75 - 85 mm • FW long and narrow, they have convex costa and concave outer margin • **DS orange** • **FW have black apex. Subapical black band** and outer margin in the same colour • HW have submarginal black line and black outer margin. Yellowish on costa • **VS brownish** • FW have a short red basal line • HW with basal red spot.

Behavior and habitat: Vigorous flight. It prefers flowery scrublands and forest clearnings. Punta Lara Natural Reserve, Costanera Sur Ecological Reserve. Host plants *Passion flowers (Passiflora* sp).

Note: Common name derives of the specific epithet *iulia*.

Faz dorsal / *Dorsal surface*

Faz ventral / *Ventral surface*

Juno Oscura

Dione juno suffumata Brown et Mielke, 1992

Nymphalidae : Heliconiinae : Heliconiini

Adulto: 60 - 70 mm • AA con margen externo cóncavo, **APA festo-neadas** • **FD anaranjada** • **AA con** costa, margen externo, franja subapical, ápice **de la CD** y nervaduras **negra**s • **AP con ancho margen negro** y margen anal amarillento • **FV** de AA pardo anaranjada en la base. Franja submarginal y ápice de la CD pardos. Apice pardusco con manchas plateadas • **AP parduscas con manchas plateadas**.

Conducta y hábitat: Prefiere matorrales y claros de bosques. Especie escasa en la provincia. San Isidro, islas del Delta.

Obs: Su nombre vulgar deriva del científico. *Juno* fue es diosa del cielo en la mitología griega. El término *oscura* fue otorgado en comparación con otra subespecie argentina.

Dark Juno*

Dione juno suffumata Brown et Mielke, 1992

Nymphalidae : Heliconiinae : Heliconiini

Adulto: 60 - 70 mm • FW have concave outer margin, **BPW scalloped** • **DS orange** • **FW black on costa. Black outer margin** and subapical band. **Black** veins and **apex of DC** • HW have black wide outer margin and yellowish anal margin • **VS** of FW orange brown at base. Submarginal brown band. Apex of DC brown. Brownish apex with silver spots • **HW brownish with silver spots**.

Behavior and habitat: It prefers scrublands and forest clearings. Uncommon species in Buenos Aires province. San Isidro, islands of Delta.

(*) Literal translation from Spanish local name *juno oscura* (*Juno*: Juno, Greek goddess) refers to their scientific name *oscura*: dark, compared to another Argentine subspecies.

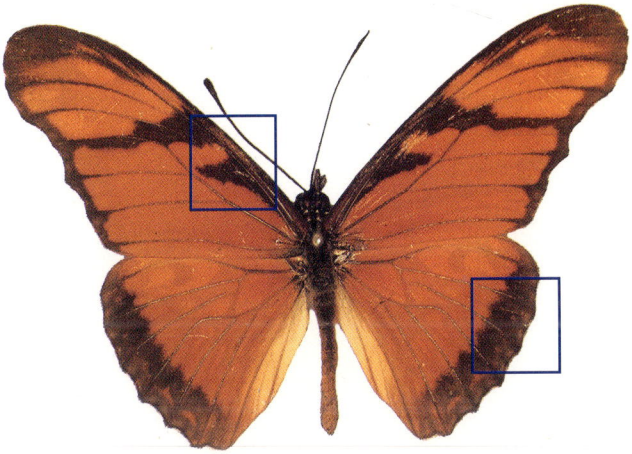

Faz dorsal / *Dorsal surface*

Faz ventral / *Ventral surface*

Espejitos

Agraulis vanillae maculosa Stichel, 1908

Nymphalidae : Heliconiinae : Heliconiini

Adulto: 60 - 70 mm • AA con costa convexa y margen externo cóncavo • **Macho**: FD anaranjada, AA con manchas dispersas, nervaduras y lunares mediales negros. Lunar posbasal celeste anillado de negro • AP con círculos negros marginales • **FV de AP y ápice de las AA parda, con manchas** amarillas y **plateadas** • Mitad basal de AA anaranjado clara, con manchas negras y plateadas bordeadas de negro • **Hembra**: más manchada de negro en su FD.

Conducta y hábitat: Diversos sitios, siempre en cercanías de mburucuyáes (*Passiflora* sp), su plantas hospedadoras, incluso en jardines. Especie muy común en la provincia de Buenos Aires.

Obs: Su nombre vulgar fue otorgado por las manchas plateadas de la FV de sus alas, que parecen fragmentos de un espejo. También se la llama *mariposa de espejos* y *nacarada*.

Gulf Fritillary

Agraulis vanillae maculosa Stichel, 1908

Nymphalidae : Heliconiinae : Heliconiini

Adult: 60 - 70 mm • FW have convex costa and concave outer margin • **Male**: DS orange, FW have a lot of black scattered spots. Median black beauty spots and veins. Postbasal sky-blue beauty spot black ringed • HW have marginal black circles • **VS of HW and apex of FW brown, with** yellow and **silver spots** • FW have basal half of FW light orange, with black spots and black-edged silver spots • **Female**: have more black spots in DS.

Behavior and habitat: Several places, always near passion flowers (*Passiflora* sp), its host plants, even in gardens. Very common species in Buenos Aires province.

Note: Spanish local name derives of its silver spots, that seem to be fragments of a mirror. Another common names are *mariposa de espejos* and *nacarada*.

Faz dorsal / *Dorsal surface*

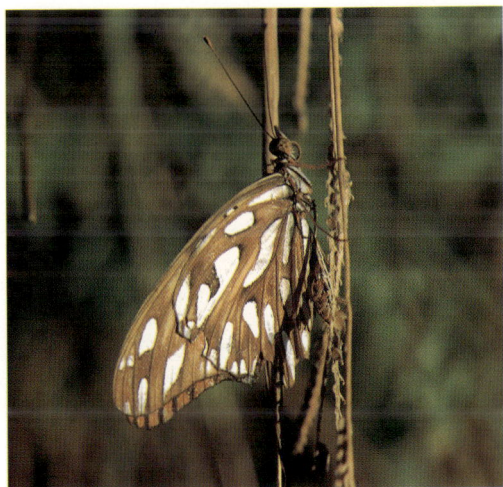

Crisálida suspendida /
Chrysalis suspended

Erato

Heliconius erato phyllis (Fabricius, 1775)

Nymphalidae : Heliconiinae : Heliconiini

Adulto: 70 - 80 mm • AA largas y angostas • FD pardo oscura • **AA con gran mancha posmedial rojo anaranjada** • Línea transversal amarilla desde su base • **AP con franja transversal amarilla** • FV similar, pero más clara • APA con línea roja en costal • AP con puntos rojos basales.

Conducta y hábitat: Vuelo bajo, tremulante, mostrando su coloración de advertencia. Prefiere los matorrales ribereños cercanos a *mburucuyáes* (*Passiflora* sp.), sus plantas hospedadoras. Es una de las pocas mariposas que pueden alimentarse con las proteínas concentradas del polen, esto le permite vivir varios meses. Por las noches duermen en ramas preestablecidas, una junto a la otra (dormideros). Islas del Delta, isla Martín García, Reserva Ecológica Costanera Sur, Reserva Natural Punta Lara.

Obs: Según la mitología, *Erato* era una de las nueve musas, que presidía la poesía erótica. También se la llama *heliconia*.

Crimson-patched Longwing

Heliconius erato phyllis (Fabricius, 1775)

Nymphalidae : Heliconiinae : Heliconiini

Adult: 70 - 80 mm • FW long and narrow • DS dark brown • **FW have postmedian big orange-red spot** • Yellow transversal line, from their base • **HW have transversal yellow line** • VS similar, but lighter • FW have red line at base of costa • BPW have yellow costal line • HW with red dots at base.

Behavior and habitat: Low flight, tremulous, showing its warning coloration. It prefers coastal scrublands near Passion Flowers (*Passiflora* sp.), its host plant. It is one of the few butterflies that can feed on concentrated proteins of the pollen, this allows it to live several months. During the night they sleep on preselected branches one beside another. Delta's islands, Martín García Island, Ecological Reserve Costanera Sur, Punta Lara Natural Reserve.

Note: Refers to Spanish common name, *Erato* was, in mythology, one of the nine muses that presided over the erotic poetry. Another Spanish local name is *heliconia*.

Faz dorsal / *Dorsal surface*

Faz ventral / *Ventral surface*

Perezosa

Actinote pellenea calymma Jordan, 1913

Nymphalidae : Heliconiinae : Acraeini

Adulto: 50 - 58 mm • **Diseño y coloración y tonalidades muy variables** • **FD** pardo anaranjada o amarillenta • **AA con** ápice, márgenes, nervaduras y guión en la CD pardos. Franja posmedial amarillenta. **Areas basal y posbasal no translúcidas** • AP con márgenes pardos. Nervaduras y líneas distales internervales pardas. [Línea transversal medial parda] • FV similar, pero más clara.

Conducta y hábitat: Vuelo perezoso, confiada. Coloración de advertencia. Frecuenta matorrales con flores. Reserva Ecológica Costanera Sur, Parque Ecológico - Cultural Guillermo E. Hudson, San Isidro, Zárate, isla Martín García, etc.

Obs: El término *perezosa* se debe al tipo de vuelo. También se la llama *isoca espinosa del girasol.*

Lazy*

Actinote pellenea calymma Jordan, 1913

Nymphalidae : Heliconiinae : Acraeini

Adult: 50 - 58 mm • **Very variable patterns, colorations and tonalities** • **DS** orange brown or yellowish • **FW have** brown apex. Brown margins, veins and hyphen on DC. Postmedian yellowish band. **Basal and postbasal areas are not translucent** • HW have brown margins. Brown veins and intevenal distal lines. [median transversal brown line] • VS similar, but lighter.

Behavior and habitat: Lazy flight, trusting. Warning coloration. It frequents flowery scrublands. Costanera Sur Ecological Reserve, Guillermo E. Hudson Ecological - Cultural Park, San Isidro, Zárate, Martín García Island, and so on.

(*) Literal translation from Spanish common name *perezosa* (= lazy) refers to its kind of flight. Another Spanish common name is *isoca espinosa del girasol.*

Faz dorsal /
Dorsal surface

Faz dorsal /
Dorsal surface

Faz dorsal /
Dorsal surface

Oruga /
Caterpillar

Perezosa Grande
Actinote melanisans Oberthür, 1917

Nymphalidae : Heliconiinae : Acraeini

Adulto: 55 - 75 mm • **FD de AA negra**, con franja posmedial y mancha en la CD amarillas. **Areas basal y posbasal grisáceas, algo translúcidas** • AP pardo anaranjadas. Nervaduras, líneas internervales negras. Guión en la CD y margen externo negros • FV similar, pero más clara.

Conducta y hábitat: Vuelo perezoso, confiada. Coloración de advertencia. Frecuenta matorrales con flores del nordeste de la provincia. Isla Martín García, Reserva Natural Punta Lara.

Obs: Su nombre vulgar se debe al tipo de vuelo que realiza y al tamaño.

Big Lazy*
Actinote melanisans Oberthür, 1917

Nymphalidae : Heliconiinae : Acraeini

Adult: 55 - 75 mm • **DS of FW black**, with postmedian yellow band. Yellow spot on DC. **Basal and postbasal grayish area, a bit translucent** • HW orange brown. Black veins and intervenal lines. Black hyphen on DC and black outer margin • VS similar, but lighter.

Behavior and habitat: Lazy flight, trusting. Warning coloration. It frequents flowery scrublands. Martín García Island and Punta Lara Natural Reserve.

(*) Literal translation from Spanish common name *perezosa grande* (*perezosa*: lazy, *grande*: big) refers its kind of flight and size.

Faz dorsal / *Dorsal surface*

Faz ventral / *Ventral surface*

Perezosa de Elena
Actinote mamita elena Hall, 1921

Nymphalidae : Heliconiinae : Acraeini

Adulto: 50 - 56 mm • **FD pardo amarillenta algo translúcida.** Nervaduras y márgenes y pardos • AA con franja posmedial y dos guiones en la CD pardos • AP con franja sinuosa posmedial y líneas distales entre las nervaduras pardas.

Conducta y hábitat: Vuelo perezoso, confiada. San Isidro, Reserva Ecológica Costanera Sur, Reserva Natural Punta Lara.

Obs: Su nombre vulgar se debe al tipo de vuelo que ejecuta. *Elena* deriva de su nombre científico.

Elena's Lazy*
Actinote mamita elena Hall, 1921

Nymphalidae : Heliconiinae : Acraeini

Adult: 50 - 56 mm • **DS yelowish brown, a bit translucent.** Brown veins and brown margins. BPW have postmedian brown band • FW have postmedian brown band and two brown hyphens on DC • HW have brown intervenal lines.

Behavior and habitat: Lazy flight, trusting. San Isidro, Costanera Sur Ecological Reserve, Punta Lara Natural Reserve.

(*) Literal translation from Spanish common name *perezosa de elena* (*perezosa*: lazy, *Elena*: feminine first name) refers its kind of flight and its scientific epithet.

Faz dorsal / *Dorsal surface*

Faz ventral / *Ventral surface*

Panambí Morotí

Morpho epistrophus argentina Fruhstorfer, 1907
Nymphalidae : Morphinae

Adulto: 90 - 110 mm • **FD blanca con tinte celeste** • APA con orlas blancas manchadas de pardo. Lúnulas submarginales pardas • AA con mitad proximal de la costa y guión en el ápice de la CD pardos • **FV** con similar diseño, **APA con hilera de ocelos posmediales negros anillados de pardo amarillentos**. Pupila clara • AP con líneas irregulares y manchas pardas.

Conducta y hábitat: Vuelo ondulante. Frecuenta bosques húmedos y selvas. Adultos desde diciembre a marzo en islas del delta, Martín García y nordeste de la provincia hasta Punta Piedras. Orugas muy llamativas, gregarias y procesionarias. Plantas hospedadoras: *coronillo* (*Scutia buxifolia*), *yerba de bugre* (*Lonchocarpus nitidus*) e *ingá* (*Inga vera*)

Obs: Su nombre vulgar es de origen guaraní (*panambí*: mariposa, *morotí*: blanca). Otros nombres vernáculos son *bandera argentina* y *borracha*.

Panambí Morotí*

Morpho epistrophus argentina Fruhstorfer, 1907
Nymphalidae : Morphinae

Adult: 90 - 110 mm • **DS white with sky-blue shade** • BPW have white fringes spotted with brown. Submarginal brown lunules • FW brown on proximal half of costa. Apex of DC with brown hyphen • **VS** similar • **BPW have postmedian row of black eyespots with yellowish brown ring** and light pupil • HW have irregular brown lines and spots.

Behavior and habitat: Undulant flight. It frequents gallery forests and rain forests. Adults from December to March in islands of Delta, Martín García Island and northeast of Buenos Aires province to Punta Piedras. Gregarious, processionary and flashy caterpillars.Host plants: *coronillo* (*Scutia buxifolia*), *yerba de bugre* (*Lonchocarpus nitidus*) e *ingá* (*Inga vera*)

(*) Spanish local name *panambí morotí* is a guaraní word (*panambí*: mariposa, *morotí*: blanca. Another vernacular names are *bandera argentina* (*bandera*: flag, *argentina*: Argentine)and *borracha* (=drunk) .

Faz dorsal / *Dorsal surface*

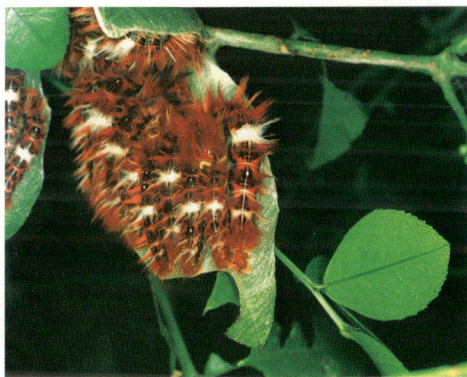

Orugas gregarias /
*Gregarious
caterpillars*

Faz ventral /
Ventral surface

293

Fantasma

Opsiphanes invirae amplificatus Stichel, 1904

Nymphalidae : Brassolinae

Adulto: 65 - 74 mm • **FD parda** • **AA con** dos manchas subapicales blancas y **franja oblicua posmedial, anaranjada** • **AP con franja submarginal anaranjada** • **FV de AA parda**, con líneas y manchas en diversos tonos de pardo, negro y ocre. Franja oblicua posmedial anaranjado clara. **Ocelo subapical** negro anillado de ocre y pardo oscuro • **AP pardas**, con líneas negras cortas y dispuestas muy juntas. Ocelo sobre la costa pardo anillado de negro, y otro cerca del ángulo anal.

Conducta y hábitat: Vuelo vigoroso, a más de tres metros de altura. Cercanía de sitios con *palmeras* (sus plantas hospedadoras), incluyendo jardines y paseos públicos. Orugas gregarias. Especie en expansión.

Obs: El nombre vulgar se debe a sus costumbres crepusculares y a la rapidez con que se desplaza, apareciendo y desapareciendo con rapidez.

Ghost*

Opsiphanes invirae amplificatus Stichel, 1904

Nymphalidae : Brassolinae

Adult: 65 - 74 mm • **DS brown** • **FW have** two subapical white spots and **oblique postmedian orange band** • **HW have submarginal orange band** • **VS of FW brown**, with black, ochre and diverse tones of brown spots and lines. Postmedian oblique light orange band. **Subapical** black **eyespot**, ochre and dark brown ringed • **HW brown**, with short black lines, situated very close. Brown eyespot, with black ring on costa, and other one near to the anal angle.

Behavior and habitat: Vigorous flight, to more than three meters high. Found near *palms* (its host plants), gardens and parks. Gregarious caterpillars. This species is extending its geographical range.

(*) Literal translation from Spanish local name *fantasma* = ghost, refers its twilight habit and to the speed with which it moves, appearing and disappearing quickly.

Faz dorsal / *Dorsal surface*

Crisálida / *Chrysalis*

Faz ventral / *Ventral surface*

Celmis

Yphthimoides celmis (Godart, 1824)

Nymphalidae : Satyrinae

Adulto: 32 - 45 mm • <u>Macho</u>: **FD parda, con uno o dos ocelos pequeños en el ángulo anal • FV muy variable**, parda • AA
con líneas posmedial y submarginal pardo oscuras. Ocelo
negro anillado de ocre [mitad proximal del ala pardo amari-
llenta] • AP con líneas posbasal, posmedial y submarginal
pardo oscuras. **Hilera submarginal de ocelos negros anillados de ocre, variable en número y tamaño • <u>Hembra</u>**:
similar • FD de AA con ocelo subapical.

Conducta y hábitat: Vuelo provocado. Frecuenta pastizales. Especie
común en varios sitios de la provincia.

Obs: Su nombre vulgar deriva del científico. Según la mitología,
Celmis fue el padre de la nodriza de Júpiter.

Celmis*

Yphthimoides celmis (Godart, 1824)

Nymphalidae : Satyrinae

Adult: 32 - 45 mm • <u>Male</u>: **DS brown, with one or two small eyespots
on anal angle • VS** brown, **very variable** • FW have
postmedian and submarginal dark brown lines. Black eyespot
with ochre ring [yellowish brown proximal half of wings] •
HW have postbasal, postmedian and submarginal dark brown
lines. **Row of submarginal black eyespots ochre ringed,
variables in size and number • <u>Female</u>**: similar • DS of FW
have subapical eyespot.

Behavior and habitat: Provoked flight. Very common species in
grasslands of Buenos Aires province.

(*) Spanish local name refers its scientific name. *Celmis*, in mythology,
was the father of Jupiter's wet nurse.

Faz ventral / *Ventral surface*

Faz ventral / *Ventral surface*

Adulto en pastizal /
Adult in grassland

297

Hermes

Hermeuptychia hermes (Fabricius, 1775)

Nymphalidae : Satyrinae

Adulto: 25 - 37 mm • **FD parda, sin diseño** • FV pardo clara • **APA con** líneas posbasal, posmedial y submarginal pardo oscuras. **Guión pardo oscuro en el ápice de la CD**. Hilera submarginal de ocelos de tamaño y número variable.

Conducta y hábitat: Vuelo provocado. Prefiere el estrato herbáceo de bosques húmedos con zonas iluminadas. Reserva Ecológica Costanera Norte, isla Martín García, Reserva Natural Punta Lara.

Obs: Su nombre vulgar deriva del científico. *Hermes* es la denominación griega del dios romano Mercurio, mensajero de los dioses, patrón de los viajeros y ladrones.

Hermes Satyr

Hermeuptychia hermes (Fabricius, 1775)

Nymphalidae : Satyrinae

Adult: 25 - 37 mm • **DS brown, without pattern** • **VS** light brown • **BPW have** postbasal, postmedian and submarginal dark brown lines. **Apex of DC have dark brown hyphen**. Row submarginal of eyespots, variables in size and number.

Behavior and habitat: Provoked flight. It prefers to live in the herbaceous stratum of moist woodlands, in clear sunlit areas. Costanera Norte Ecological Reserve, Martín García Island, Punta Lara Natural Reserve.

Note: Spanish Common name refers its scientific name. *Hermes*, is the Greek name of Roman God Mercury, messenger of gods, travellers and thiefs' patron saint.

Faz dorsal / *Dorsal surface*

Faz ventral / *Ventral surface*

Líneas Convergentes
Paryphthimoides poltys (Prittwitz, 1865)

Nymphalidae : Satyrinae

Adulto: 40 mm • **FD** pardo clara • AP con líneas medial y dos sub-marginal pardo oscuras. **Líneas medial y postmedial pardo oscuras, convergentes hacia el margen posterior**. AP con dos ocelos negros anillados de amarillento. Margen externo pardo amarillento • **FV** pardo grisácea, con líneas marginal y dos submarginales pardo oscuras. **Líneas medial y postmedial pardo oscuras, convergentes hacia el margen posterior**. Márgenes externos pardo amarillentos • AP con hilera de ocelos pequeños, negros anillados de ocre, con dos pupilas cada uno.

Conducta y hábitat: Vuelo provocado. Frecuenta pastizales del nordeste de la provincia, donde es escasa. Isla Martín García y Reserva Natural Punta Lara.

Obs: El nombre vulgar se debe a que en las alas anteriores, las líneas medial y postmedial convergen hacia el margen posterior.

Convergent Lines*
Paryphthimoides poltys (Prittwitz, 1865)

Nymphalidae : Satyrinae

Adult: 40 mm • **DS** light brown • HW with median and two submarginal dark brown lines. **Median and postmedian dark brown lines, convergent toward posterior margin**. HW have two black eyespots with yellowish ring. **Outer margin yellowish brown** • **VS** grayish brown, with marginal and two submarginal dark brown lines. **Median and postmedian dark brown lines, convergent toward posterior margin. Outer margin yellowish brown** • HW have row of black small eyespots with ochre ring and two pupils.

Behavior and habitat: Provoked flight. Uncommon species in Buenos Aires province, in grasslands of northeast, Martín García Island and Punta Lara Natural Reserve.

(*) Literal translation from Spanish common name *líneas convergentes* (*líneas*: lines, *convergentes*: convergent) refers its dark brown pattern on its fore wings.

Faz dorsal / *Dorsal surface*

Faz ventral / *Ventral surface*

Chilenita
Etcheverrius chiliensis elwesi (Bryk, 1944)

Nymphalidae : Satyrinae

Adulto: 44 - 52 mm • **Macho**: FD parda con lunar subapical negro en las AA • **FV de AA** parda **con base pardo anaranjada**, y lunar subapical negro bordeado de pardusco • **AP pardas salpicadas de gris**, con hileras de líneas irregulares negras. **Lúnulas submarginales y manchas dispersas grises**. Nervaduras grises • **Hembra**: similar, pero la FD más clara • AA con lunar subapical negro ànillado de amarillo pardusco • FV de AA más clara.

Conducta y hábitat: Vuelo provocado. Frecuenta pastizales serranos y el sur la zona biogeográfica del espinal.

Observaciones: Su nombre vulgar deriva del científico.

Small Chilean*
Etcheverrius chiliensis elwesi (Bryk, 1944)

Nymphalidae : Satyrinae

Adult: 44 - 52 mm • **Male**: DS brown. FW have subapical black beauty spot • **VS of FW** brown, **orange brown at base**, and subapical black beauty spot with brownish ring • **HW brown splattered with gray**. Rows of black irregular lines. **Submarginal gray lunules, and gray scattered spots**. Gray veins • **Female**: similar, but DS lighter • FW have subapical black beauty spot with brownish yellow ring • VS of FW lighter.

Behavior and habitat: Provoked flight. It frequents mountain grasslands and the south of the espinal biogeographical zone.

(*) Literal translation from Spanish local name *chilenita*, *small chilean*, refers its scientific epithet *chilensis*.

Macho FD /
Male DS

Macho FV /
Male VS

Hembra FD /
Female DS

Hembra FV
Female VS

303

Serrana Bonaerense

Etcheverrius tandilensis (Köhler, 1935)

Nymphalidae : Satyrinae

Adulto: 44 mm • **FD parda con reflejos dorados** • AA con lunar subapical negro • **FV de AA** parda, **con** mitad distal más clara. **Lunar subapical negro** • **AP pardas**, con líneas negras irregulares posbasal, medial y submarginal. **Ancha franja posmedial grisácea**.

Conducta y hábitat: Vuelo provocado. Se encuentra en pastizales de las sierras bonaerenses. **Parque Provincial Ernesto Tornquist** y Tandil.

Obs: Esta mariposa es endémica de las sierras de la provincia de Buenos Aires, en donde es abundante. Otro nombre vernáculo es *perdicita bonaerense*.

Buenos Aires' Highland*

Etcheverrius tandilensis (Köhler, 1935)

Nymphalidae : Satyrinae

Adult: 44 mm • **DS brown with golden glints** • FW have subapical black beauty spot • **VS of FW** brown, **with** distal half lighter. **Subapical black beauty spot** • **HW brown, with** irregular postbasal, median and submarginal black lines. **Postmedian wide grayish band**.

Behavior and habitat: Provoked flight. Found in grasslands of the hilly areas of the province. **Ernesto Tornquist Provincial Park** and Tandil.

Note: This is an endemic species of Buenos Aires' highlands. There, it is common.

(*) Literal translation from Spanish common name *serrana bonaerense* (*serrana*: highland, *bonaerense*: from Buenos Aires province). Another local name is *perdicita bonaerense*.

Faz ventral / *Ventral surface*

Faz ventral /
Ventral surface

305

Anaranjada Oculta
Haywardella edmondsii (Butler, 1881)

Nymphalidae : Satyrinae

Adulto: 39 - 52 mm • AP festoneadas • Cuerpo pardo • **FD** parda • **AA con mitad proximal pardo anaranjada. Ocelo subapical negro** anillado de amarillo y **con doble pupila**. Lunar negro submarginal • AP con franja submarginal difuminada pardo anaranjada • **FV de** AA similar, pero más clara • **AP pardas salpicada de gris**. Línea submarginal negra.

Conducta y hábitat: Vuelo provocado. Frecuenta pastizales, incluso serranos y en el sur de la zona biogeográfica del espinal. Villarino. Otro nombre vernáculo es *rastrera anaranjada*.

Hidden Orange*
Haywardella edmondsii (Butler, 1881)

Nymphalidae : Satyrinae

Adult: 39 - 52 mm • HW scalloped • Brown body • **DS** brown • **FW have proximal half orange**. Subapical black **eyespot with** yellow ring and **two light pupils**. Submarginal black beauty spot • HW have submarginal blurred orange brown band • **VS of** FW similar, but lighter • **HW brown splattered with gray**. Submarginal black line.

Behavior and habitat: Provoked flight. It is found in grasslands, even on high hills, and in the south of the espinal biogeographical zone, Villarino.

(*) Literal translation from Spanish local name *anaranjada oculta* (*anaranjada*: orange, *oculta/o*: hidden), refers its coloration on VS of FW and habits. Another vernacular name is *rastrera anaranjada* (*rastrera*: creeping, *anaranjada*: orange)

Faz dorsal / *Dorsal surface*

Faz ventral /
Ventral surface

307

Dos Puntos Ocelada

Pampasatyrus gyrtone (Berg, 1877)

Nymphalidae : Satyrinae

Adulto: 40 - 50 mm • FD parda, con ocelo subapical en AA • **FV parda** • **AA con** línea posmedial oblicua y submarginal, pardo oscuras. **Ocelo subapical negro, con doble pupila clara, anillado de pardo amarillento** • **AP** pardo grisáceas. **Hilera posmedial de ocelos** negros anillados de pardo amarillento.

Conducta y hábitat: Vuelo provocado. Frecuenta pastizales, incluso serrano y médanos. Durante el verano, se puede observar ejemplares elevandose verticalmente hasta unos 70 centímetros de altura, para descender en suave planeo entre los pastos. Este comportamiento está relacionado con la búsqueda de pareja. Sierra de los Padres, Bolívar, isla Trinidad, etc.

Obs: El nombre vulgar *dos puntos* se debe a la doble pupila del ocelo de las AA. El apelativo *ocelada* se debe a la notable hilera de ocelos.

Two Dots-eyed*

Pampasatyrus gyrtone (Berg, 1877)

Nymphalidae : Satyrinae

Adult: 40 - 50 mm • DS brown. FW have subapical eyespot • **VS brown** • **FW have** postmedian oblique and submarginal dark brown. **Subapical black eyespot, with yellowish brown ringed two light pupils** • **AP** grayish brown, with postmedian row of black eyespots with yellowish brown ring.

Behavior and habitat: Provoked flight. It frequents grasslands, grassy mountain and sand dunes. During the summer, one can observe specimens rising up vertically until about 70 centimeters, then descend in a soft glide among the grasses. This behavior is related with a "mating call". Sierra de los Padres, Bolívar, Trinidad Island, etc.

(*) Literal translation from Spanish local name *dos puntos ocelada* (*dos*: two, *puntos*: dots, *ocelada*: eyed, with eyespots), refers its big eyespot with two pupils, and the row of eyespots of their FW.

Faz ventral / *Ventral surface*

Dos Puntos

Pampasatyrus quies (Berg, 1877)

Nymphalidae : Satyrinae

Adulto: 42 - 50 mm • **FD** parda • **AA con ocelo subapical negro con dos pupilas claras, anillado de pardo amarillento**. Pequeño ocelo medial similar, pero con una pupila • **FV** similar, pero más clara • APA **con** línea negra medial • **AP** pardo grisácea, **sin ocelos**.

Conducta y hábitat: Vuelo provocado. Frecuenta pastizales incluso serranos y médanos. Durante el verano, se puede observar ejemplares elevandose verticalmente hasta unos 70 centímetros de altura, para descender en suave planeo entre los pastos. Este comportamiento está relacionado con la búsqueda de pareja. Bolívar.

Obs: Su nombre vulgar se debe a la doble pupila del ocelo de las AA.

Two Dots*

Pampasatyrus quies (Berg, 1877)

Nymphalidae : Satyrinae

Adult: 42 - 50 mm • **DS** brown • **FW have subapical black eyespot, with yellowish brown ringed and two light pupils**. Median small eyespot, similar but with only one pupil • **VS** similar, but lighter • BPW **have** median black line • **HW** grayish brown, **without eyespots**.

Behavior and habitat: Provoked flight. It frequents grasslands, grassy hills, and sand dunes. During the summer, one can observe specimens rising up vertically until about 70 centimeters, then descend in a soft glide among the grasses. This behavior is related with a "mating call". Bolívar.

(*) Literal translation from Spanish common name *dos puntos* (*dos*: two, *puntos*: dots), refers its big eyespot with two pupils.

Faz dorsal / *Dorsal surface*

Faz ventral / *Ventral surface*

Bandas Grises
Pampasatyrus periphas (Godart, 1824)

Nymphalidae : Satyrinae

Adulto: 40 mm • FD parda, con tres líneas marginales pardo oscuras en APA • AA con ocelo subapical, AP con uno o dos en el ángulo anal • **FV** parda, con margen externo pardo amarillento y tres líneas submarginales pardo oscuras • **AA con gran ocelo subapical negro anillado de amarillo, entre dos franjas gris liláceas** • AP con tres o más ocelos grandes, anillados de amarillo, entre dos franjas gris liláceas bordeadas por una línea parda.

Conducta y hábitat: Vuelo provocado. Frecuenta pastizales. Mercedes, Reserva Ecológica Costanera Sur, Parque Ecológico - Cultural G.Hudson, Reserva Natural Punta Lara.

Obs: Su nombre vulgar le fue adjudicado por las franjas gris liláceas de la FV de sus alas.

Gray Bands*
Pampasatyrus periphas (Godart, 1824)

Nymphalidae : Satyrinae

Adult: 40 mm • DS brown, with three marginal dark brown lines • FW have subapical eyespot, HW have one or two eyespots on anal angle • **VS** brown, with outer margin yellowish brown and three submarginal dark brown lines • **FW have big subapical black eyespot ringed with yellow, between two lilac gray bands** • HW have three or more big black eyespots ringed with yellow, between two edged brown lilac gray bands.

Behavior and habitat: Provoked flight. Common species in grasslands. Mercedes, Costanera Sur Ecological Reserve, G.Hudson Ecological - Cultural Park, Punta Lara Natural Reserve.

(*) Literal translation from Spanish local name *bandas grises* (*bandas*: bands, grises: gray), refers to its peculiar pattern.

Faz dorsal / *Dorsal surface*

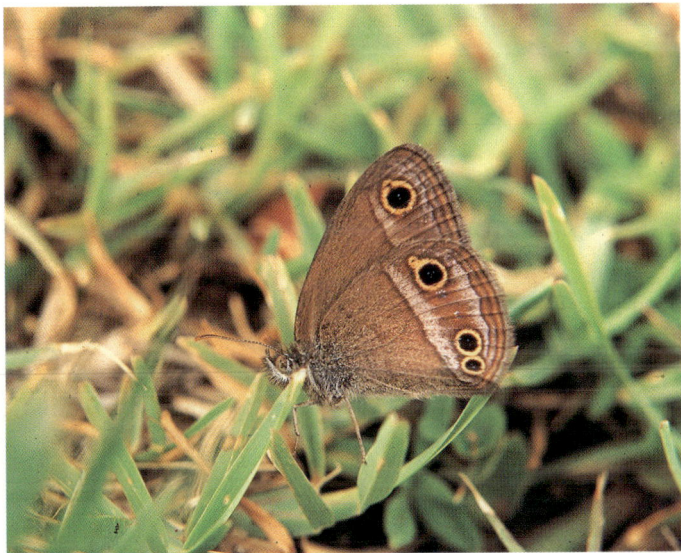

Temisto

Methona themisto (Hübner, 1818)

Nymphalidae : Ithomiinae : Mechanitini

Adulto: 66 - 70 mm • **Transparente, con anchos márgenes negros** • AA con dos franjas oblicuas negras • **AP con línea negra** que pasa por el ápice de la CD • FV similar, pero con lunares blancos.

Conducta y hábitat: Vuelo tremulante. Especie muy escasa, hallada en el interior sombrío de bosque húmedos del nordeste de la provincia. Ha sido citada también en Pergamino y Bolívar.

Obs: Su nombre vulgar deriva del científico. Según la mitología, *Temisto* fue la hija de Hiceo.

Temisto*

Methona themisto (Hübner, 1818)

Nymphalidae : Ithomiinae : Mechanitini

Adult: 66 - 70 mm • **Transparent, with wide black margins** • FW have two oblique black bands • **HW have a black line** that it goes by the apex of the DC • VS similar, but it have white beauty spots.

Behavior and habitat: Tremulous flight. Very uncommon species, found in shady coastal woods, in Northeastern Buenos Aires province. It has also been mentioned in Pergamino and Bolívar.

(*) Literal translation from Spanish local name, that refers to scientific one. *Temisto,* according to mythology, was Hiceo's daughter.

Faz dorsal / *Dorsal surface*

Faz ventral / *Ventral surface*

Multicolor
Mechanitis lysimnia (Fabricius, 1793)

Nymphalidae : Ithomiinae : Mechanitini

Adulto: 50 - 65 mm • **FD de AA** negra, **con** áreas basal y posbasal anaranjadas. Franja amarilla medial y **mancha blanca subapical**. Guión negro en el ápice de la CD • AP anaranjadas, franjas transversales basal amarilla y medial negra • FV similar, pero con lunares blancos marginales.

Conducta y hábitat: Vuelo tremulante, muestra su coloración de advertencia. Bosques húmedos poco iluminados del nordeste de la provincia. Laguna de San Vicente, Zárate, isla Martín García.

Obs: Su nombre vulgar se debe a su atractiva y variada coloración de esta mariposa.

Multicolored*
Mechanitis lysimnia (Fabricius, 1793)

Nymphalidae : Ithomiinae : Mechanitini

Adult: 50 - 65 mm • **DS of FW** black, **with** basal and postbasal orange areas. Median yellow band and **subapical white spot**. Apex of DC with black hyphen • HW orange. Transversal basal yellow band, and median black band • VS similar, but with marginal white beauty spots.

Behavior and habitat: Tremulous flight, showing its warning coloration. In shady moist woods of Northeastern Buenos Aires province. San Vicente Lagoon, Zárate, Martín García Island.

(*) Literal translation from Spanish common name *multicolor* refers the attractive coloration of these butterflies.

Faz dorsal / *Dorsal surface*

Faz ventral / *Ventral surface*

Cristalina

Episcada hymenaea (Prittwitz, 1865)

Nymphalidae : Ithomiinae : Dircennini

Adulto: 35 - 42 mm • Parte superior del abdomen parda, inferior amarilla • **FD transparente, con nervaduras y márgenes pardo
oscuros** • **AA con mancha costal posmedial amarilla**, guión
negro en el ápice de la CD y costa anaranjada pardusca. Mancha amarillenta inconspicua en el tornus • AP con costa anaranjado pardusca • **FV** similar, **con márgenes** ocre. **Costa y
ápice de APA amarillentos**.

Conducta y hábitat: Vuelo tremulante, a escasa altura. Interior sombrío de bosques húmedos. Especie común en la isla Martín
García (donde suele volar junto a *Pseudoscada erruca*). También en el nordeste de la provincia hasta la Reserva Natural
Punta Lara.

Obs: Su nombre vulgar se debe al aspecto de sus alas.

Crystalline*

Episcada hymenaea (Prittwitz, 1865)

Nymphalidae : Ithomiinae : Dircennini

Adult: 35 - 42 mm • Abdomen brown above, yellow below • **DS
transparent, with dark brown veins and margins** • **FW
have postmedian costal yellow spot**, apex of DC have black
hypen. Costa brownish orange Unconspicuous yellow spot
on tornus • HW brownish orange on costa • **VS** similar, **with
ochre margins**. BPW have costa and apex yellowish.

Behavior and habitat: Tremulous flight, at low height. In shady moist
woods of Northeastern Buenos Aires province to Punta Lara
Natural Reserve. Common species in Martín García Island
where it usually flies together with *Pseudoscada erruca*).

(*) Literal translation from Spanish common name *cristalina* (*cristalina*: crystalline) refers to the aspect of their wings.

Faz dorsal / *Dorsal surface*

Faz ventral / *Ventral surface*

Cristalina Azulada

Pseudoscada erruca (Hewitson, 1855)

Nymphalidae : Ithomiinae : Godyrini

Adulto: 37 - 48 mm • Margen posterior de AA cóncavo • Parte dorsal del abdomen negruzco, ventral blancuzca • **FD transparente, con nervaduras, márgenes y corta franja en el ápice de las AA negros.** En el margen externo, las nervaduras terminan con forma de triángulo negro. **Manchas blancas internervales en APA,** cercanas a los márgenes externos, que sólo se ven en determinada posición del ala con respecto a la luz. • AA con delgadas líneas negras internervales. Pequeña **mancha blanca costal medial** • FV similar, el diseño negro dosal es anaranjado pardusco en ventral • Margen posterior de AA y manchas pequeñas en los ápices de APA, grises.

Conducta y hábitat: Vuelo tremulante, a escasa altura, en el interior sombrío de selvas de la isla Martín García, donde suele volar junto a *Episcada hymenaea*.

Obs: Su nombre vulgar se debe al aspecto de sus alas, y al brillo azul que desprenden cuando son iluminadas, en ciertos ángulos, por ocasionales haces de luz.

Bluish Crystalline*

Pseudoscada erruca (Hewitson, 1855)

Nymphalidae : Ithomiinae : Godyrini

Adult: 37 - 48 mm • Posterior margin of FW concave • Abdomen blackish above, whitish below • **DS transparent, with black veins, margins and band on apex of DC**. In the outer margin, the veins finishes with form of black triangle. **BPW with intervenal white spots,** near to the outer margins, that can only watch in certain position of the wing with regard to the light • FW whit thin internerval black lines. Small **medial costal white spot** • VS similar, the black dorsal pattern is brownish orange on VS • Posterior margin of FW gray. BPW have small gray spots on apex.

Behavior and habitat: Tremulous flight, at low height. In shady coastal woods of northeastern Buenos Aires province to Punta Lara Natural Reserve. Common species in Martín García Island where it usually flies together with *Episcada hymenaea*).

(*) Literal translation from Spanish local name *cristalina azulada* (*cristalina*: crystalline, *azulada*: bluish) refers to the aspect of their wings and bluish brightness produced due to light.

Faz dorsal / *Dorsal surface*

Faz ventral / *Ventral surface*

Reina

Danaus gilippus (Cramer, 1775)

Nymphalidae : Danainae

Adulto: 60 - 79 mm • Tórax negro con lunares blancos, abdomen pardo anaranjado con franja dorsal negra • **FD** anaranjado pardusca con nervaduras negras y márgenes externos negros con dos hileras de lunares blancos • **AA con larga hilera posmedial de lunares blancos** • AP con manchas blancas alrededor y en interior de la CD • **FV** más clara • **AP sin lunares blancos posmediales**.

Conducta y hábitat: Vuelo vigoroso, deslizante. Posee coloración de advertencia. Frecuenta matorrales y pastizales. Especie común en la provincia de Buenos Aires. Reserva Natural Estricta Otamendi, Reserva Natural Punta Lara, Magdalena. Las plantas hospedadoras pertenecen a la familia *Asclepidaceae*.

Obs: Muchas veces confundida con la *emperatriz* (*Danaus eresimus plexaure*)

Queen

Danaus gilippus (Cramer, 1775)

Nymphalidae : Danainae

Adult: 60 - 79 mm • Thorax black with white beauty spots, abdomen orange brown with dorsal black band • **DS** browish orange with black veins, outer margin black with two rows of white beauty spots • **FW have long postmedian row of white beauty spots** • HW have white spots around and into DC • VS lighter • **HW lack white beauty spots**.

Behavior and habitat: Vigorous and sliding flight. It has warning coloration. Common species in scrublands and grasslands of Buenos Aires province. Otamendi Natural Reserve, Punta Lara Natural Reserve, Magdalena. Their host plants are *Asclapidaceae*.

Note: Many times confused with the *tropical queen* (*Danaus eresimus plexaure*).

Macho FD / *Male DS*

Monarca
Danaus plexippus erippus (Cramer, 1775)

Nymphalidae : Danainae

Adulto: 90 mm • Cabeza y tórax negros con lunares blancos • **FD** anaranjada pardusca con nervaduras negras y márgenes externos negros con dos hileras de lunares blancos • **AA con franja subapical negro con dos hileras de lunares blancos** • FV más clara, con nervaduras bordeadas de blanco.

Conducta y habitat: Vuelo vigoroso, con planeo. Posee coloración de advertencia. Frecuenta matorrales y pastizales. Movimientos estacionales en Punta Rasa. Especie muy común en gran parte de la provincia. Se pueden observar ejemplares durante el invierno, con coloración más oscura (*larensis*). Orugas llamativas, verde, amarillo y flanco con filamentos en ambos extremos del cuerpo. Las plantas hospedadoras pertenecen a la familia *Asclepidaceae*.

Obs: También se la conoce como *oruga de las asclepias*.

Monarch
Danaus plexippus erippus (Cramer, 1775)

Nymphalidae : Danainae

Adult: 77- 90 mm • Head and thorax black with white beauty spots • **DS** brownish orange with black veins. Outer margin black with two rows of white beauty spots • **FW have subapical black band, with two rows of white beauty spots** • VS lighter, veins white rimmed.

Behavior and habitat: Vigorous flight, with gliding. It has warning coloration. Very common species in scrublands and grasslands of Buenos Aires province.Has seasonal movements in Punta Rasa. It is possible find dark specimens in winter (*larensis*). Very showy caterpillars, green, yellow and white, with filaments at each end. Host plants are *Asclepidaceae*.

Note: Another Spanish common name is *oruga de las asclepias*.

Faz dorsal / *Dorsal surface*

Forma invernal FD/
Winter form DS

Faz ventral /
Ventral surface

Emperatriz
Danaus eresimus plexaurae (Godart, 1819)

Nymphalidae : Danainae

Adulto: 60 - 79 mm • Tórax negro con lunares blancos, abdomen pardo anaranjado con franja dorsal negra • **FD** anaranjado pardusca con nervaduras negras y márgenes externos negros con dos hileras de lunares blancos • **AA con larga hilera posmedial de lunares blancos** • AP con manchas blancas alrededor y en interior de la CD • **FV** más clara • **AP con hilera de lunares posmediales blancos.**

Conducta y hábitat: Vuelo vigoroso, deslizante. Posee coloración de advertencia. Frecuenta matorrales y pastizales. Especie común en la provincia de Buenos Aires. Reserva Natural Punta Lara. Las plantas hospedadoras pertenecen a la familia *Asclepidaceae*.

Obs: Muchas veces confundida con la *reina (Danaus gilippus)*

Tropical Queen
Danaus eresimus plexaure (Godart, 1819)

Nymphalidae : Danainae

Adult: 60 - 79 mm • Thorax black with white beauty spots, abdomen orange brown with dorsal black band • **DS** browish orange with black veins, outer margin black with two rows of white beauty spots • **FW have long postmedian row of white beauty spots** • **VS** lighter • **HW have white spots around and into DC**.

Behavior and habitat: Vigorous and sliding flight. It has warning coloration. Common species in scrublands and grasslands of Buenos Aires province. Punta Lara Natural Reserve. Their host plants are *Asclapidaceae*.

Note: Many times confused with the *queen (Danaus gilippus)*.

Faz dorsal / *Dorsal surface*

Faz ventral / *Ventral surface*

Biodiversidad

La provincia de Buenos Aires se ha dividido en tres sectores para realizar el estudio comparativo de su biodiversidad.

1) El **Nordeste**, que comprende a la provincia biogeográfica paranaenese, las islas del Delta inferior del Paraná y la isla Martín García. Aquí se encuentra la mayor biodiversidad de la provincia.

2) El **Norte, Noroeste y Centro** de la provincia, hasta los 37 ° de latitud sur.

3) Finalmente el **Sur**, que contiene a las sierras bonaerenses. Si bien es el sector de menor biodiversidad, aquí se encuentran especies endémicas.

El gráfico de columnas muestra la comparación entre la totalidad de especies halladas en la provincia, y la cantidad encontrada en cada una de las áreas de estudio.

Biodiversity

Buenos Aires province was divided into three different sectors in order to make a comparative study of its biodiversity:

*1) **Northeast** that includes the paranaenese biogeographic zone, the islands of the lower Delta of the Paraná River and Martín García Island. Here the highest biodiversity of the province is found.*

*2) **North, Northwest and Centre** up 37 ° of South latitude.*

*3) **South**, that contains the hills of the province. Although this is the lower biodiversity sector, many endemic species are found there.*

The graph shows the comparison between the total of species found in Buenos Aires province and quantity found in each study sector.

Especies halladas en el área de estudio
Species found in study area

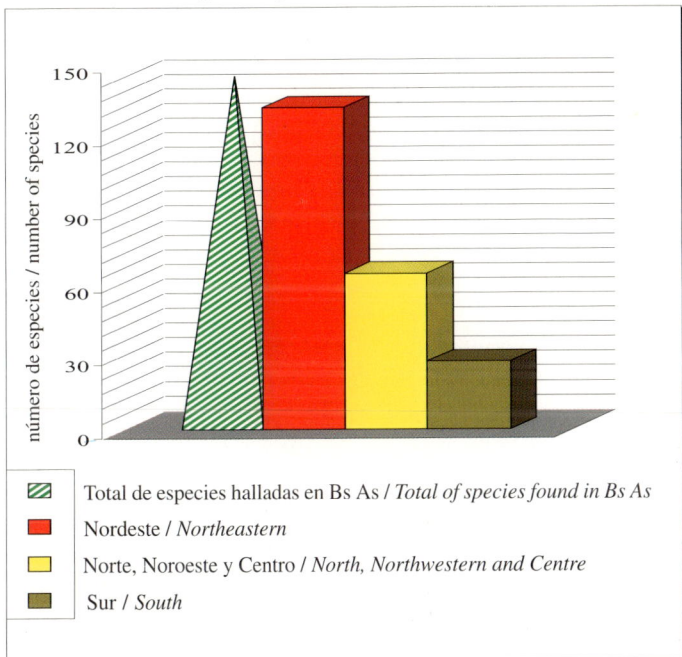

número de especies / number of species

Legend:
- Total de especies halladas en Bs As / *Total of species found in Bs As*
- Nordeste / *Northeastern*
- Norte, Noroeste y Centro / *North, Northwestern and Centre*
- Sur / *South*

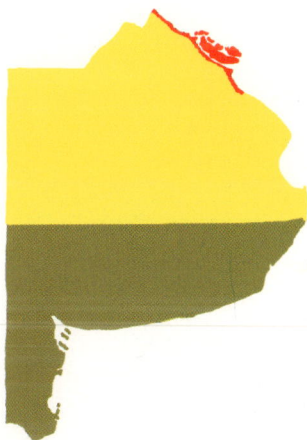

División de la provincia de Buenos Aires en 3 sectores según la cantidad de especies de mariposas halladas en cada uno de ellos. En rojo el NE, con alta biodiversidad, en amarillo el Centro, Norte y NO con biodiversidad media, y en verde el Sur, con la menor biodiversidad / *Sketch of the Province of Buenos Aires shown divided into three sectors according to the quantity of species found in each of them. The red sector of the NE, shows high bio-diversity, the yellow sector of the Centre, North, and NW shows medium bio-diversity, and the green of the South shows the least.*

Temas para reflexionar

La presencia en la naturaleza de individuos de ciertas especies de mariposas es un indicador fiel de:

a) Estado de salud del medio ambiente:

Cuando las condiciones de un microclima se modifican, algunas especies pueden desaparecer porque la humedad, temperatura o luminosidad del medio no son las adecuadas para ellas. De esta manera se inicia el proceso de extinción local, que luego puede generalizarse. En este proceso asimismo interviene el uso de plaguicidas.

También es importante conocer cuáles son las especies oportunistas, ya que los individuos que a ella pertenecen, colonizan ambientes modificados por el hombre. Estas pueden convertirse en una amenaza para algunos vegetales nativos o cultivados, tanto los ornamentales como los utilizados para consumo humano o animal.

b) Presencia de la planta hospedadora:

Muchas especies son monófagas (sus orugas se alimentan de una sola especie vegetal), por consiguiente cuando desaparece su planta hospedadora, también desaparece la mariposa.

La longitud de la probóscide de las mariposas varía según la especie a la que pertenecen. Esta particularidad hace que cada una libe de flores de distintas plantas. Por ello son agentes polinizadores específicos, y algunos vegetales pueden ver deteriorada su propagación por la ausencia del insecto.

Las mariposas cumplen un rol importante dentro de la cadena alimenticia de muchos vertebrados e invertebrados como insectos, arañas, lagartos, peces, monos y aves.

Things to think about

The presence in nature of individuals of certain species of butterflies is a faithful indicator of:

a) The state of health of the environment:

When the conditions of a micro - climate change, some species can disappear because the humidity, temperature, or brightness of the surroundings are not appropiate factors for them. In this way the process of local extinction begins and then becomes generalized. In this process the use of insecticides also has a powerful effect.

It is also important to know which are the species opportunists, since the individuals that belong to that group colonize areas modified by man. These can become a threat for some native or cultivated vegetables, both ornamental as well as those used for man or animal consumption.

b) Indicators of the host plant:

The caterpillars of many species feed on a single vegetable species, consequently, when their host plant disappears, the butterfly also disappears.

The length of the proboscis of the butterflies varies according the species to which they belong. This detail means that each one visits particular plants and flowers. For they are the chosen agent for its specific pollination, and some plants can lose their propagation by the absence of the butterfly.

Butterflies complete an important link inside the food chain of many vertebrates and invertebrates, such as insects, spiders, lizards, fish, monkeys and birds.

Glosario

AA: alas anteriores.

Androconium: Sitio con escamas especiales, que poseen los machos. Aquí se producen sustancias químicas denominadas feromonas, las que son atractivas para las hembras.

Ángulo anal: Área de las alas posteriores formada por la unión de los márgenes externo y anal.

AP: Alas posteriores.

APA: Ambos pares de alas.

Apical: Relativo al ápice.

Ápice: Extremidad o punta de las alas.

Asamblea: Reunión de varios individuos de una o varias especies, dispuestos apretadamente sobre suelos húmedos o materia orgánica en descomposición.

CD: Célula discal, sector central de las alas, que carece de nervaduras.

Cola: Apéndice presente en el ángulo anal de algunas especies.

Coloración Críptica o camuflaje: Sistema de protección adoptado por ciertas mariposas, que consiste en poseer aspecto y coloración parecidos al medio que las rodea, con el fin de pasar inadvertidas para sus predadores. En esta misma categoría se incluye a las especies con alas transparentes.

Coloración de advertencia o aposemática: Combinación de colores que informa a posibles predadores sobre el sabor desagradable o la toxicidad de la mariposa.

Costa: Margen anterior de las alas, tanto de las anteriores como de las posteriores.

Costal: Relativo a la costa.

Dicromatismo sexual: Distinta coloración de los individuos de una especie según el sexo del ejemplar.

Dimorfismo sexual: Distinta forma de las alas de los individuos de una especie según el sexo del ejemplar

Distal: Aquella parte del ala que se encuentra más distante del cuerpo de la mariposa.

Espiritrompa: Ver probóscide Aparato de succión resultante de la unión de dos largas piezas bucales, que le permite succionar líquidos, cuando no es utilizado se encuentra recogido en espiral.

Estigma: Sitio en el centro de las alas anteriores de los machos de ciertos hespéridos y licénidos, cubierto por escamas especializadas, que producen sustancias químicas atractivas para el sexo opuesto, denominadas feromonas.

Falcada: Ala anterior con el ápice con una escotadura, como una hoz.

FD: Faz dorsal, aquella parte de las alas que queda visible cuando el insecto las extiende en ángulo de 180°.

Festoneada: Ala cuyo margen tiene ondas o festones.

Forma: variaciones constantes de coloración que se producen dentro de una especie o raza geográfica, generalmente como consecuencia de cambios climáticos

Frotado: Movimiento defensivo realizado por algunos Lycaenidae que poseen en el ángulo anal de sus alas posteriores colas, ocelos o una "falsa cabeza", formada por un lóbulo anal, pequeñas colas y a veces un ocelo. Mientras la mariposa liba, eleva el ángulo anal y mueve alternativa y verticalmente las alas posteriores una hacia arriba y otra hacia abajo, para atraer la atención del predador.

FV: Faz ventral, aquella parte de las alas que queda oculta cuando en insecto las extiende en ángulo de 180°.

Guión: Diseño constituido por una línea corta.

Hemolinfa: Líquido que circula por el interior del cuerpo y de las nervaduras de las alas de las mariposas, que transporta nutrientes pero no oxígeno.

Margen: Borde de las alas.

Margen anal: Borde de las alas posteriores que se encuentra cercano al abdomen.

Margen externo: Borde de ambos pares de alas que se encuentra más alejado del cuerpo.

Margen posterior: Borde posterior de las alas anteriores.

Lóbulo anal: Prominencia en el ángulo anal.

Lunar: Mancha redonda.

Lúnula: Mancha con forma de media luna.

Ocelo: Diseño con forma de ojo, consistente en una mancha redondeada, anillada o no y con un punto claro, llamado pupila.

Orlas: Borde externo de las alas.

Oruga gregaria: La que se agrupa con otras de su especie en momentos de inactividad, de este modo aparenta ser un organismo mayor, que es más respetado por los predadores.

Oruga procesionaria: La que se desplaza junto con otras de su especie en fila india, de este modo aparenta ser una oruga gigante y evitar el ataque de los predadores.

Osmaterio: Órgano defensivo, con forma de horquilla, carnoso, capaz de emitir olor muy desagradable. Se encuentra oculto en los primeros segmentos torácicos de ciertas orugas.

Palpos labiales: Apéndices sensitivos, colocados a cada lado de la espiritrompa. Cumplen importante función en la detección de los alimentos.

Polimorfismo: Distintas formas en ejemplares de la misma especie y sexo (*ver forma*).

Porbóscide o Espiritrompa: Aparato de succión resultante de la unión de dos largas piezas bucales, que le permite succionar líquidos, cuando no es utilizado se encuentra recogido en espiral.

Proximal: Aquella parte de las alas que se encuentra próxima al cuerpo.

Pupila: Pequeña mancha en el interior de los ocelos.

Sedentarios: Individuos de ciertas especies que permanecen gran parte de su vida en un pequeño territorio, sin alejarse de él.

Territoriales: individuos que se adueñan de cierto espacio y lo defienden agresivamente para evitar el posible ingreso de otros individuos de la misma u otra especie.

Tornus: Área de las alas anteriores formada por la unión de los márgenes externo y posterior.

Vuelo deslizante: Consistente en aleteos fuertes seguidos por períodos de planeo.

Vuelo en fila: Cuando varias mariposas vuelan una detrás de la otra, en fila. En general es una hembra perseguida por varios machos.

Vuelo errático: El que cambia de dirección momento tras momento.

Vuelo ondulante: El que forma ondas, como subiendo y bajando de una línea horizontal imaginaria.

Vuelo perezoso: El que se ejecuta con aleteos y desplazamiento lentos, como a desgano.

Vuelo provocado: El ejecutado sólo por las cercanías de objetos o seres en movimiento. De poca altura y corto alcance.

Vuelo quebrado: El que cambia abruptamente su sentido de desplazamiento.

Vuelo saltante: El ejecutado rápidamente, de corto alcance, como saltando de flor en flor.

Vuelo tremulante: El realizado con rápidos movimientos de alas y escaso desplazamiento.

Vuelo vigoroso: El que se realiza con fuertes aleteos y desplazamiento veloz.

Vuelo zumbante: El que se realiza con un zumbido muy suave, casi imperceptible.

Glossary

Anal angle: Angle formed by the external margin of the hind wing with the anal margin.

Anal lobe: Prominence in the anal angle.

Anal margin: The hind wing's border, close to the butterfly's abdomen.

Androconium: Site with specialized scales on the wings of males of many species where sex-attractant scent named pheromones are produced (pl. *androconia*).

Apex: Tip of the fore wing.

Apical: Relative to the apex.

Assembling or puddling: Meeting of many butterflies of one or more species, closely arranged over wet soils or putrefacting organic substancies.

Beauty spot: A rounded spot.

BPW: Both pairs of wings.

Broken flight: Rough changes of direction during the flight.

Buzzing flight: Flight that produces an almost imperceptible buzz.

Costa: The upper margin of both, the fore wing and the hind wing.

Costal: Coastal.

Cryptic coloration (camouflage): Protection system adopted by certain butterflies which consists on having the aspect and coloration similar to that of the background so that they blend into the background and became unseen to predators. Transparent wings butterflies are also included in this category.

DC: Discal cell, central area of the wings which lacks of veins

Distal: The most distant part of the wing from the body of the butterfly.

DS: Dorsal surface of a butterfly's wings, visible when the wings are unfolded or extended in 180° angle (the upperside of the wings).

Erratic flight: Constant change of direction during flight.

Eyespot: Rounded spot pattern on the wings, eyelike, usually with rims and a lighter pupil.

Falcate: When the tip of the fore wing is curved into a hook.

Form: Constant variations of coloration within a species or geographical race usually produced by climatic changes.

Fringes: External border of the wings..

FW: Fore wings.

Gregarious caterpillar: The one that forms a cluster with other caterpillars of the same species during inactive periods, pretending to be a large being and respected by predators.

Hemolymph: Liquid that carries nutrients, not oxygen, through the butterfly´s body and the veins of the wings.

HW: Hind wings.

Hyphen: Short line pattern on the wings.

Labial palpi: Sensitive appendix located on both sides of the spiral tongue of high importance in food detection (sing. *labial palpus*).

Lazy flight: Slow fluttering and displacement.

Jumping flight: Fast, short length flight, like jumping from one flower to another.

Lunule: A crescent-shaped mark.

Margin: The border of the wing.

Osmeterium: Defensive organ with forked pole shape, fleshy, that can produce a very awful smell. This organ is hidden between the first torax segments of certain caterpillars.

Outer margin: Most distant border from the butterfly´s body of both, fore wing and hind wing.

Polymorphism: The occurence of several distinct forms within a species. (*see form*)

Posterior margin: Posterior margin of fore wing.

Processionary caterpillar: The one that displaces into a long line formed by many individuals of the same species pretending to look like a giant caterpillar to prevent attacks from predators.

Proboscis: Suctorial apparatus formed by the joint of two long bucal pieces which allows butterflies to suck liquids. When is not in use it remains curled up as a spiral.

Provoked flight: Low height, short length flight, caused by nearby objects or other organisms in movement.

Row flight: Many butterflies flying one after the other, usually a female persecuted by many males.

Rub: See rubbing.

Rubbing: Defensive movement carried out by some Lycaenidae that possess in the anal angle of their hind wings, tails, eyespots or a "false head", formed by a lobe anal, small tails and sometimes an eyespot. While the butterfly sucks, it elevates the anal angle and she moves alternative and vertically the hind wings one up and another down, to attract the attention of the predator.

Scalloped: Having festoons or rounded cracks on the wing´s margin.

Sedentary: Individuals of certain species that remain in the same small area almost their entire life.

Sexual dichromatism: Different coloration phases within a species depending on the sex of the specimen.

Sexual dimorphism: Different wing´s shapes within a species depending on the sex of the specimen.

Sliding flight: Gliding periods after strong flutterings

Stigma: Defined patch of specialized scales that produces sex-attractant scents named pheromones. Found on the fore wings of many male skippers (*Hesperiidaae*) and hairstreaks (*Lycaenidae*).

Tail: Appendix in the anal angle of some species.

Territorial: Individuals that take possession of some places and aggressively defend them from individuals of the same or diferent species.

Tornus: Area formed by the joint of the posterior margin of the fore wing with the external margin.

Tremulous flight: Short displacement flight, fast movements of the wings.

Undulant flight: Flight that draws waves, like going up and down through an imaginary line.

Vigorous flight: Strong fluttering and fast displacement during the flight.

VS: Ventral surface of the butterfly´s wings, unseen when the wings are unfolded or extended in 180° angle (the underside of the wings).

Warning coloration: Color combination that indicates potentional predators that the butterfly is poisonous or distasteful.

Bibliografía / Bibliography

AJMAT DE TOLEDO, Z. D. 1991. Fauna del Noroeste argentino. Contribución al conocimiento de los lepidópteros argentinos. X, *Agraulis vanillae maculosa* (Stichel) (Lepidoptera, Rhopalocera, Heliconiidae). Acta zool. Lilloana, 40 (2): 21 - 31. Tucumán.

BIEZANZO, C. M. de, A RUFINELLI y C. S. CARBONELL. 1957. Lepidoptera de Uruguay. Lista anotada de especies. Revta. Fac. Agron. Univ. Repúb. Urug. N° 46. 159 pp. Montevideo

BRUCH, C. 1926. Orugas mirmecófilas de *Hamearis epulus signatus* – Stich. Rev. Soc. Ent. Arg. 1: 2 – 9. Buenos Aires.

BURMEISTER, H. 1878. *Description physique de la République Argentina*. Vol. 5. Lépidoptères. 524 pp. Buenos Aires.

BOURQUIN, F. 1945. *Mariposas argentinas*. Ed. del autor. 212 pp. Buenos Aires.

BOURQUIN, F. 1953. Notas sobre la metamorfosis de *Hamearis susanae* Orfila, 1953 con oruga mirmecófila (Lep. Riodin) Rev. Soc. Ent. Arg. 16: 83 - 87. Buenos Aires.

CANALS, G. 1999. *Guía para la identificación de mariposas de las sierras bonaerenses*. 24 pp. Ed. del autor. La Plata.

CARTER, D. 1996. *Butterflies and moth*. 304 pp. Ed. Dorling Kindersley, London.

CARTER, D. 1982. *Butterflies and moths in Britain and Europe*. 192 pp. Ed. Pan Books Ltd. London.

CHINERY, M. 1998. *Collins guide to the butterflies of Britain and Europe*. 652 pp. Harper Collins Publishers, London.

COSTA LIMA, A. M. da. 1945. *Insetos do Brasil*. Vol. 5, Lepidopteros, 1ª. parte. Esc. Nac. Agronomía. Ser. did. 7. 379 pp. Rio de Janeiro.

CROUZEL, I. S. de, J. B. SARDESAI, M. G. ARCE y R. J. SALAVIN. Observaciones sobre polimorfismo en *Colias lesbia* (F.) Ocurrencia de machos de color celeste verdoso. Rev. Soc. Ent. Arg. 32 (1 - 4) : 81 – 90. Buenos Aires. 1970.

D'ALMEIDA, R. F. *Catalogo dos Papilionidae americanos*. S.B.E. 366 pp. San Pablo. 1966.

FREIBERG, M. A. 1947. La oruga de la alfalfa en la Argentina, *Colias lesbia* (Fabricius) (Lep. Pier.) Min. Agr. Nac, Inst. San. Veg., Ser. A 3 (36). 32 pp. Buenos Aires.

HAYWARD, K. J. 1931. Lepidópteros argentinos: Familia Nymphalidae. Rev. Soc. Ent. Arg. 4 (1-3): 1 - 199. Buenos Aires.

HAYWARD, K. J. 1935. Revisión de las especies argentinas del género *Actinote* (Lep. Nymphal.) Rev. Soc. Ent. Arg. 7 : 93 - 97 Buenos Aires.

HAYWARD, K. J.1935. *Phyciodes liriope* (Cramer) (Lep. Nymph.) sinonimia y distribución, especialmente de las formas argentinas. Rev. Soc. Ent. Arg. 7: 221 – 223. Buenos Aires.

HAYWARD, K. J. 1939. Lepidópteros argentinos. Familia Nymphalidae. Rev. Soc. Ent. Arg. 6 (1 - 3) : 1 - 172 Buenos Aires.

HAYWARD, K. J. 1939. Contribución al conocimiento de las Riodinidae argentinas. Physis Buenos Aires, 17: 317 – 374.

HAYWARD, K. J. 1948 - 1950 *Descolei Genera et Species Animalium Argentinorum. Insecta, Lepidoptera (Rhopalocera)* tomos I, II, III y IV. Tucumán.

HAYWARD, K. J.1949. Nuevas especies y formas de "Riodinidae» de Argentina y Bolivia" (Lep. Rhop.) Acta zool. Lilloana, 8: 197 - 200. Tucumán.

HAYWARD, K. J. 1949. Nuevas especies de "Lycaenidae" de la Argentina (Lep. Rhop.) Acta zool. Lilloana, 8: 567 - 581. Tucumán.

HAYWARD, K. J. 1951. Guía para la clasificación de las especies y formas argentinas de la familia "Papilionidae". Acta zool. Lilloana, 12: 279 – 330. Tucumán.

HAYWARD, K. J. 1973. Catálogo de los ropalóceros argentinos. Op. lill.23. 319 pp. Tucumán.

JÖRGENSEN, P. 1916. Las mariposas argenitnas (Lep) Familia Pieridae. An. Mus. Nac. Hist. Nat. Buenos Aires 28: 427-520.

KÖHLER, P. 1926. Biología de *Cobalus cannae* Her. Sch. Rev. Soc. Ent. Arg. 1 (5) : 11 - 12. Buenos Aires.

KÖHLER, P. 1928. El género Hamearis. Sus especies argentinas. Rev. Soc. Ent. Arg. 2 (1):. 21 – 26. Buenos Aires.

LEWIS, H. 1975. *Las mariposas del mundo*. 312 pp. Omega, Barcelona.

LLANO, R. J. 1951. Primera lista de los lepidópteros de Bolívar, provincia de Buenos Aires – República Argentina y generalidades. Rev. Soc. Ent. Arg. 15: 182 – 186.

ORFILA, R. N. 1950. Clasificación de Lepidoptera Rhopalocera. Rev. Soc. Ent. Arg. 14: 261 - 269 Buenos Aires.

ORFILA, R. N. 1953. Una especie nueva de *Hamearis* (Lep. Riodin.) Rev. Soc. Ent. Arg. 16: 80 - 82. Buenos Aires.

PYLE, R. 1996. M. National Audubon Society Field Guide to North American Butterflies. 924 pp. New York.

RIZZO, H. F. E. 1971. Catálogo de lepidópteros hallados en la facultad de agronomía y veterinaria de Buenos Aires. Universidad de Bs. As. Fac. de Agr. y Vet. Publicación interna 2. 35pp. Buenos Aires.

SCHWEIZER, F., R. G. WEBSTER KAY. 1941. Lepidópteros del Uruguay. I An. Mus. Hist. Nat. Montevideo, 5 (2) : 14 pp. Montevideo.

SEITZ, A. 1924. Die Gross - Schmetterlinge der Erde. 5 Band. Die Tagfalter. 1143 pp. Taf. 203. Stuttgart.

SMART, P. *1975. The illustrated encyclopedia of the butterflies world.* 275 pp. Salamander Books, London.

STICHEL, H. von. 1911. Lepidoptera Rhopalocera, Fam. Riodinidae. Allgemeines - Subfam. Riodininae, 2ter Teil. Genera Insectorum (112a): 239 - 452.

Índice de nombres científicos y vulgares
Index of scientific and common names

Notas:

Notas:

Notas: